Untersuchungen aus dem Flußbaulaboratorium
der Technischen Hochschule Karlsruhe

Grundschwellen

Eine Maßnahme gegen Wasserspiegel- und Sohlensenkungen

von

Dr.-Ing. Hans Straub

Mit 46 Abbildungen

München und Berlin 1937
Verlag von R. Oldenbourg

Dieses Buch ist hervorgegangen (unter gleichem Titel) aus der Dr.-Ing.-
Dissertation des Verfassers bei der Technischen Hochschule Karlsruhe.

Strömender Abfluß über eine Grundschwelle.

Höhe der Schwelle über Normalsohle — 2,00 m.

Inhaltsverzeichnis.

Vorwort.

Mit der Zusammenfassung der Abflußmengen bis zum Mittelwasser eines Flusses in einem einheitlichen Bett wurde im vorigen Jahrhundert die großzügige Regelung unserer Ströme und Flüsse begonnen. In den meisten Fällen war es in erster Linie notwendig geworden, die Vorflut des anschließenden Geländes zu verbessern, um das Kulturland vor den Angriffen des Wassers zu schützen. Gleichzeitig erreichte man dabei eine Verbesserung der Schiffahrt und schuf jedenfalls die unabweisbaren Voraussetzungen für einen weiteren Ausbau der Ströme zu leistungsfähigen Wasserstraßen.

Die Regelungsmaßnahmen brachten eine Fülle flußbaulicher Probleme mit sich, da nicht nur der Grundriß des Flusses durch die Zusammenfassung der vielen verteilten Einzelarme oder durch die Begradigung großer Schleifen grundlegend umgestaltet, sondern auch der Längsschnitt erheblichen und einschneidenden Änderungen unterworfen wurde. Durch die Zusammenfassung der Wassermengen in einem festgelegten Querschnitt wurde das Gleichgewicht zwischen Schleppkraft und Sohlenwiderstand gestört, sodaß die Korrektionen eine Sohlen- und Wasserspiegelsenkung zur Folge hatten. Nicht nur die Eintiefung der ganzen Sohle und damit des Wasserspiegels, mit den schädlichen Folgen auf den Grundwasserstand, sondern bei schiffbaren Flüssen auch die Kolke an den äußeren Ufern der Flußkrümmungen erforderten wegen des schmalen Fahrwassers eine Sicherung der Höhenlage der Stromsohle und eine gleichmäßige und breite Form der Querschnitte. Wo diese Erfordernisse durch reine Querschnittsänderung nicht mehr erreicht werden konnten, verwendete man Quer- oder Grundschwellen.

Mit ihrem Einbau ist die Festlegung eines angestrebten Wasserstandes teilweise gelungen, die Kolkbildung im unverbauten Fluß aber nicht vermindert worden. In Flüssen mit durchaus beweglicher Sohle, in denen Grundschwellen eingebaut sind, bilden sich erfahrungsgemäß hinter den Grundschwellen ganz namhafte Kolke aus, die mitunter das Bauwerk gefährden. Die Wirkung der Grundschwellen beim Abfluß verschiedener Wassermengen auf die Ausbildung der Sohle unterhalb der Grundschwellen fand bisher keine ausreichende Begründung.

Die im Flußbaulaboratorium der Technischen Hochschule Karlsruhe durchgeführten Versuche hatten daher die Aufgabe, die hydraulischen Abflußvorgänge über eine Grundschwelle und die Einwirkung solcher Grundschwellen auf das Verhalten der Flußsohle zu erforschen.

Es muß bereits in diesem Zusammenhange auf die Modellversuche hingewiesen werden, die im Karlsruher Flußbaulaboratorium in den Jahren 1922 bis 1926 für den Abschluß der Zuiderzee von Geheimrat Professor Dr.-Ing. Rehbock durchgeführt wurden, bei denen es sich unter anderem um die Erforschung des Abflusses über niedrige Dämme handelte. Bei den Untersuchungen des Abflusses über Grundschwellen können einige Ergebnisse jener umfassenden Versuche herangezogen werden, da eine Grundschwelle auch als Damm angesprochen werden kann. Trotzdem gehen die Versuche in etwas anderer Richtung, da der Abfluß über Grundschwellen sich meist nicht in der bei den Zuiderzee-Versuchen besonders untersuchten getauchten Abflußform vollzieht und damit eine andere Wirkung auf die Flußsohle ausübt.

Die vorliegende Schrift gliedert sich in drei Teile:

1. Theoretische Grundlagen zur Klärung der hydraulischen Vorgänge beim Abfluß des Wassers über eine Grundschwelle,
2. Versuche mit Grundschwellen an Modellen mit beweglicher Sohle,
3. Erfahrungen mit Grundschwellen in der Natur.

Für die Ausführung der Modellversuche hat mir der Direktor des Flußbaulaboratoriums der Technischen Hochschule Karlsruhe, Herr Professor Dr.-Ing. Wittmann, die Hilfskräfte und Einrichtungen des Laboratoriums bereitwilligst zur Verfügung gestellt. Durch seine Unterstützung wurden mir Aufzeichnungen über Naturbeobachtungen an Grundschwellen zugänglich und durch seinen wertvollen Rat manche Anregung zuteil. Hierfür danke ich ihm herzlich. In gleich entgegenkommender Weise hat mich der Betriebsleiter des Laboratoriums, Herr Professor Dr.-Ing. Böß, mit reicher wissenschaftlicher und praktischer Erfahrung unterstützt, wofür ihm mein besonderer Dank gebührt.

Zeichenerklärung.

(Vgl. Abb. 16.)

Q = allgemeine Bezeichnung für eine Abflußmenge in m^3/s,
q = Versuchswassermenge für 1 lfm Breite in m^3/s,
t = Wassertiefe in m,
t_0 = Oberwassertiefe = kleinste Wassertiefe über der Schwelle,
t_u = Unterwassertiefe = Wassertiefe kurz unterhalb der Schwelle,

t_{yr} = Grenztiefe für Parallelströmung $= \sqrt[3]{\dfrac{q^2}{b^2 g}}$.

B = allgemeine Bezeichnung einer Breite in m,
b = Rinnenbreite in m,
g = Erdbeschleunigung = 9,81 m/s^2,
w = Momentangeschwindigkeit in m/s,
v_0 = Oberflächengeschwindigkeit in einem Querschnitt in m/s,
v_s = Sohlengeschwindigkeit in m/s,
J = Impuls in kg/m für 1 m Breite,
W = Wasserdruck in kg/m für 1 m Breite,
R = Energieverlust durch Wandreibung in kg/m,
G = Gewicht des Wassers = $g \cdot m$,
m = Masse des Wassers,
α = Neigungswinkel der unterwasserseitigen Böschung der Grundschwelle,
h = Grundschwellenhöhe,
γ = spez. Gewicht des Wassers in kg/m^3.

k = Geschwindigkeitshöhe $= \dfrac{v_m^2}{2\,g}$,

H = Energielinienhöhe $= t + \dfrac{v_m^2}{2\,g}$ (für parallele Stromfäden),

J_e = Energieliniengefälle,
$z \cdot t$ = Größe des Zusatzdruckes durch die Krümmung der Stromfäden.

Die bei den Versuchen verwendete Wassermenge entspricht der Wasserführung eines natürlichen Flusses.

Niedrigwasser . . . . $Q_1 = 540 \; m^3/s$ $q_1 = 2,7 \; m^3/s \cdot lfm = 15,1 \; l/s$ im Modell
Mittelwasser . . . . . $Q_2 = 1120 \; m^3/s$ $q_2 = 5,6 \; m^3/s \cdot lfm = 31,3 \; l/s$ im Modell
Hochwasser . . . . . $Q_3 = 2000 \; m^3/s$ $q_3 = 10,0 \; m^3/s \cdot lfm = 56,0 \; l/s$ im Modell
Höchstes Hochwasser . $Q_4 = 3500 \; m^3/s$ $q_4 = 17,5 \; m^3/s \cdot lfm = 97,8 \; l/s$ im Modell.

Maßstab des Modells $M = 1 : 20$ der Natur (für die hydraulischen Versuche).
Angenommene Breite des Naturflusses $B = 200$ m.
Breite der Versuchsrinne $b = 50$ cm (entsprechend $b = 10$ m in Natur).
Allgemeine Formel für die Umrechnung der Natur- in Modellwassermengen nach dem Froudeschen Ähnlichkeitsgesetz:

$$Q_{\text{Modell}} = \frac{Q_{\text{Natur}} \cdot b}{B \cdot M \cdot M \sqrt{M}}.$$

Allgemeine Formel für die Umrechnung der Natur- in Modellgeschwindigkeiten

$$v_{\text{Modell}} = \frac{v_{\text{Natur}}}{\sqrt{M}}.$$

Für die veränderlichen Abflußmengen ist eine gemittelte Ganglinie zugrunde gelegt.

I. Teil. Der Abfluß über Grundschwellen.
Theoretische Grundlagen.

1. Allgemeines.

Für die Versuche stand eine 7,50 m lange und 0,50 m breite Glasrinne zur Verfügung, in der der Abfluß über drei eingebaute Grundschwellen von der Seite beobachtet werden konnte. Da die hydraulischen Vorgänge am deutlichsten werden, wenn sie von den Veränderungen der Modellsohle unabhängig sind, wurde die Sohle zwischen den Grundschwellen fest ausgestaltet. Um die Bewegungsvorgänge kenntlich zu machen, wurde Farbstoff, Braunkohle und dem spezifischen Gewicht des Wassers entsprechende Bernsteinkugeln verwendet.

Der Maßstab des Modells war 1 : 20 der Natur, sodaß der Breite der Grundschwellenkrone von 0,30 m eine Naturbreite von 6,0 m und der Grundschwellenhöhe von 2, 4, 6 und 10 cm eine Naturhöhe von 0,40, 0,80, 1,20 und 2,0 m entsprach. Die Grundschwellen selbst bestanden aus Beton, ihre oberwasserseitige Böschung war 1 : 2, die unterwasserseitige 1 : 3 geneigt (Abb. 1 bis 3).

2. Die hydraulischen Grundlagen beim Abfluß über Schwellen.

Eine Grundschwelle ist allgemein als ein Grundwehr anzusehen, bei dem der Unterwasserspiegel über der Wehrkrone liegt. Den Abfluß über solche Wehre bezeichnete man ursprünglich als unvollkommenen Überfall (Abb. 4). Die Unterscheidung in vollkommenen und unvollkommenen Überfall ist aber dann unrichtig, wenn als Kennzeichen lediglich die Lage des Unterwasserspiegels über der Wehrkrone angenommen ist, denn es kann dann sowohl vollkommener wie unvollkommener Überfall eintreten. Die fehlerhafte Zerlegung des Wasserstromes in einen Teil zwischen Oberwasser- und Unterwasserspiegel, der als vollkommener Überfall, und in einen Teil zwischen Unterwasserspiegel und Wehrkrone, der als unvollkommener Überfall zu behandeln ist, liegt der Betrachtung des Grundwehres nach Dubuat zugrunde (vgl. Abb. 4).

Statt dessen muß man drei Abflußarten unterscheiden: den strömenden, den gewellten und den getauchten Abfluß (Abb. 1—3). Um festzustellen, welche dieser Abflußarten vorhanden ist, muß man untersuchen, ob der Oberwasserspiegel die Grenztiefe zwischen gewelltem und getauchtem Abfluß erreicht oder unterschritten hat. Es sind dabei die hydrostatischen Drücke, der Impuls- (Trägheitskraft) und die Reibungskräfte zu berücksichtigen.

a) Der strömende Abfluß ohne Wellenbildung.

Beim strömenden Abfluß (Abb. 1) senkt sich der Wasserspiegel über der Grundschwelle, weil durch die Einschränkung des Querschnitts und damit durch die Geschwindigkeitserhö-

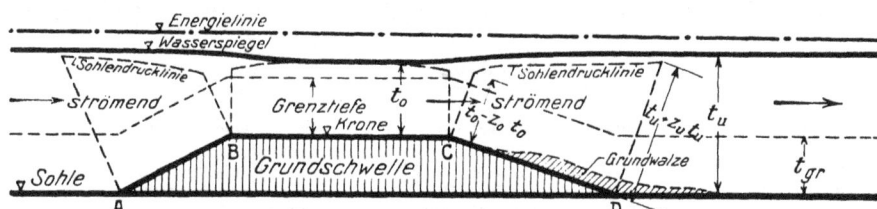

Abb. 1. Rein strömender Abfluß mit Senkung des Wasserspiegels über der Schwellenkrone, teilweiser Umsetzung der kinetischen in potentielle Energie auf der Verzögerungsstrecke C—D und Bildung einer Grundwalze. Der Wasserstrom liegt bei Punkt C noch auf der Böschung auf.

hung über der Schwelle auch die Geschwindigkeitshöhen $\dfrac{v^2}{2\,g}$ zunehmen. Da aber das Gefälle der Energielinie über der Schwelle wegen der Erhöhung der Geschwindigkeiten nur größer sein kann, als im unverbauten Querschnitt, muß sich nach dem Bernoullischen Gesetz der Wasserspiegel absenken.

Es handelt sich daher beim Abfluß über eine Grundschwelle um eine ungleichförmige Bewegung.

Nach dem Verlassen der Schwellenkrone löst sich das Wasser unter Bildung einer Grundwalze von der Grundschwellenböschung los. Abb. 1 veranschaulicht die Druckverhältnisse, wobei hervorzuheben ist, daß nicht eine statische, sondern infolge der Krümmung der Stromfäden beim Übergang des Wassers über die Grundschwelle eine hydrodynamische Druckverteilung herrscht.

b) Der gewellte Abfluß.

Senkt sich der Wasserspiegel über der Schwelle unter dem Einfluß des ebenfalls absinkenden Unterwasserspiegels ab, so entsteht der gewellte Abfluß (Abb. 2 u. 5). Die Ursache des gewellten Abflusses ist in dem labilen Grenzzustand vor dem Übergang in den getauchten Abfluß zu suchen.

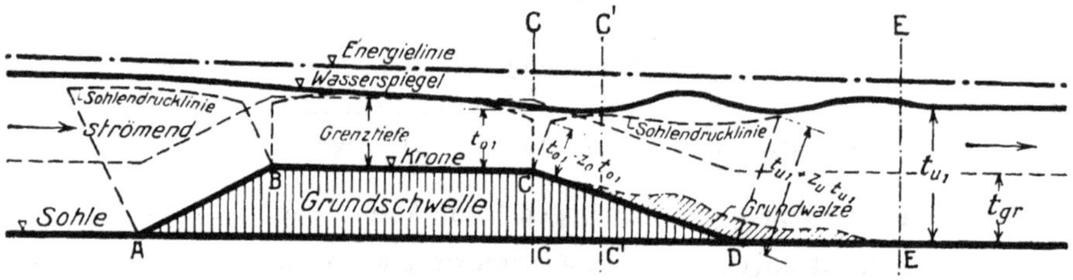

Abb. 2. Abfluß mit gewelltem Strahl mit Senkung des Wasserspiegels unter die Grenzlage bei Punkt C. Der Abfluß erfolgt stark gewellt unter Bildung einer Grundwalze. Der Wasserstrom liegt bei Punkt C noch auf der Böschung auf.

Der Überfallstrahl beginnt sich allmählich an die Grundschwellenböschung anzuschmiegen und folgt ihr, bis der Gegendruck des Unterwassers ihn an die Oberfläche unter Bildung von stehenden Wellen hochdrückt. Es entstehen daher unter dem gewellten Strahl infolge der Krümmung der Stromlinien[1]) Über- und Unterdrücke, sodaß die Druckverteilung über der Schwellenböschung $C-D$ (Abb. 2) geringen Schwankungen unterworfen ist.

c) Der getauchte Abfluß.

Wenn der Oberwasserspiegel die Grenztiefe zwischen gewelltem und getauchtem Abfluß über der Schwellenkrone erreicht hat, hört bei weiterer Absenkung des Unterwasserspiegels jede Einwirkung auf den Oberwasserspiegel auf. Die Stützkräfte, die im Oberwasser aus Wasserdruck und Impuls bestehen, werden größer als die Stützkräfte im Unterwasser, sodaß der Strahl nicht

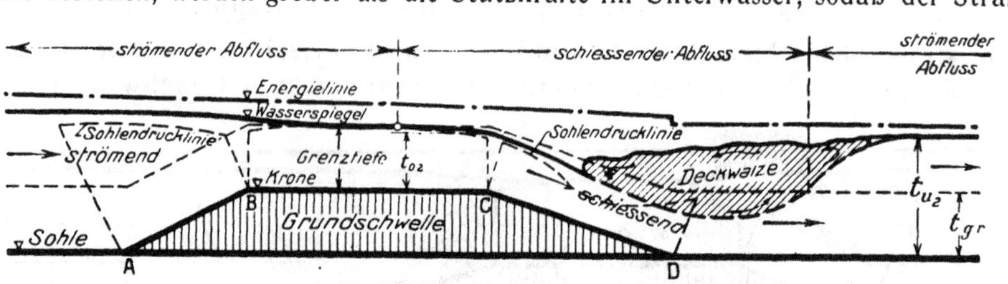

Abb. 3. Abfluß mit getauchtem Strahl. Wechsel des Fließzustandes vom Strömen zum Schießen und Überlagerung des getauchten Strahles mit einer Deckwalze. Der Wasserstrom schmiegt sich an die Böschung an, die Grundwalze verschwindet.

[1]) Dr.-Ing. J. Einwachter: Wehre und Sohlenabstürze. Dissertationsschrift 1928, Technische Hochschule Karlsruhe. Verlag R. Oldenbourg, München.

mehr an der Oberfläche verbleibt, sondern in das Unterwasser eintaucht (Abb. 3 und 6). Der überfallende Strahl schmiegt sich an die Grundschwellenböschung und an die Sohle an und erreicht in dem Gebiet, in dem beim gewellten Abfluß noch eine Grundwalze war, nun seine größten Geschwindigkeiten. Die beim Fall noch nicht zerstörte Energie wird in einer Deckwalze vernichtet, die je nach Lage des Unterwasserspiegels den schießenden Strahl überdecken kann (Abb. 3).

Die Verteilung des Druckes für den getauchten Abfluß ist in Abb. 3 schematisch wiedergegeben. Durch die größere Geschwindigkeit ist auf der unterwasserseitigen Böschungsfläche der Druck gegenüber den anderen Abflußarten geringer geworden, was sich auch in der kleineren Wassertiefe ausdrückt. In Punkt C ist der wirkliche Druck kleiner, in Punkt D aber wegen der entgegengesetzten Stromlinienkrümmung größer als der statische Druck[1]).

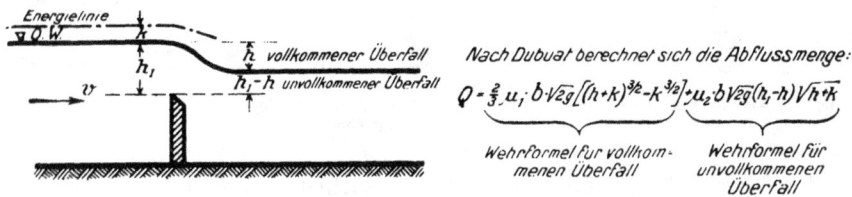

Nach Dubuat berechnet sich die Abflussmenge:

$$Q = \tfrac{2}{3} u_1 \cdot b \cdot \sqrt{2g} \left[(h \cdot k)^{3/2} - k^{3/2} \right] + u_2 b \sqrt{2g} (h_1 - h) \sqrt{h + k}$$

Wehrformel für vollkommenen Überfall | Wehrformel für unvollkommenen Überfall

Abb. 4. Betrachtung des Grundwehres nach Dubuat.

In Abb. 6 ist der Augenblick festgehalten, in dem der Strahl untertaucht. Während der kinematographischen Aufnahme wurde oberhalb der Schwelle Braunkohlengrus zugegeben, der, durch das Wasser über die Schwelle getrieben, zum Teil am Schwellenfuß abgelagert wird, solange der Abfluß noch strömend oder gewellt ist. Der untertauchende Strahl spült die Ablagerungen, wie Abb. 6 zeigt, sofort weg. Diese Abflußform ist daher nicht nur für den Bestand der Grundschwelle

Abb. 5. Abfluß mit gewelltem Strahl. Grenzzustand vor Eintritt des getauchten Abflusses mit Deck- und Grundwalze.

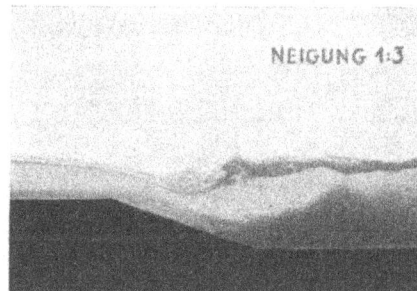

Abb. 6. Übergang vom gewellten in den getauchten Abfluß. Der untertauchende Strahl spült die Ablagerungen am Schwellenfuß weg.

gefährlich, weil sehr erhebliche Geschwindigkeiten über der Schwellenkrone und Böschung entstehen, sondern es bilden sich bei beweglicher Sohle außerdem sehr tiefe Kolke unterhalb der Schwelle aus. Aus diesem Grunde muß der Abfluß mit getauchtem Strahl vermieden und stets der strömende oder mindestens der gewellte Abfluß angestrebt werden.

3. Die Grundwalze.

Sowohl dem strömenden wie dem gewellten Abfluß ist die Bildung einer „Grundwalze"[2]) im Unterwasser am Schwellenfuß gemeinsam (Abb. 7 bis 10).

---

[1]) Böß: „Berechnung der Abflußmengen und der Wasserspiegellagen bei Abstürzen und Schwellen unter besonderer Berücksichtigung der dabei auftretenden Zusatzspannungen." Wasserkraft und Wasserwirtschaft 1929, Heft 2 und 3.

[2]) Th. Rehbock: Betrachtungen über Abfluß, Stau- und Walzenbildung bei fließenden Gewässern. Festschrift der Fridericiana. Julius Springer 1917.

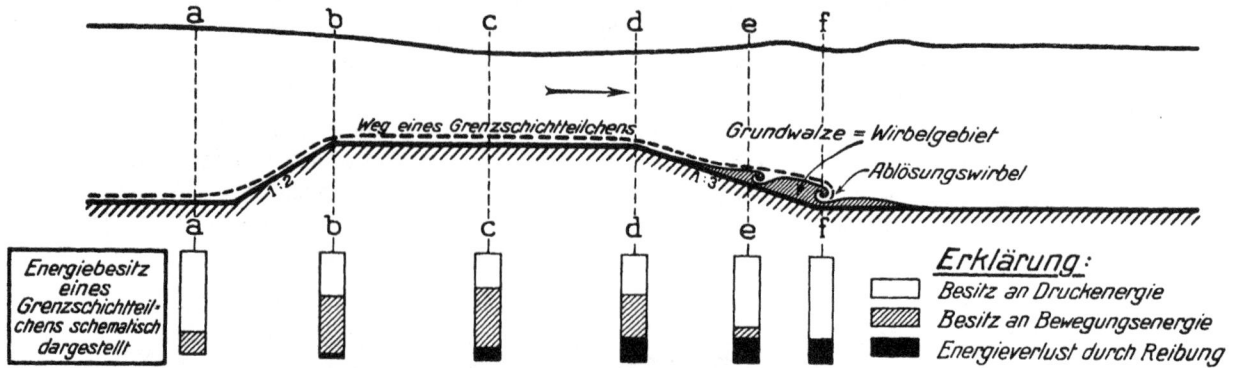

Abb. 7. Darstellung der Ablösungswirbel über der unterwasserseitigen Böschung der Schwelle und des Energiebesitzes eines Grenzschichtteilchens.

Um die Vorgänge in der „Grundwalze" zu untersuchen, wurden Grundschwellen verwendet, deren unterwasserseitige Böschungsneigungen sich zwischen 1 : 1 und 1 : 6 bewegten. Auf Grund kinematographischer Aufnahmen konnte festgestellt werden, daß die Walze ein wirbeliges Gebiet ist mit einer verschieden stark ausgeprägten, nicht stationären Aufwärtsbewegung am Schwellenfuß[1]).

Die Grundwalze entsteht durch Ablösung einzelner Grenzschichtteilchen von der Strömung. Betrachtet man im unverbauten Querschnitt ein Teilchen der Sohlengrenzschicht, so besitzt es

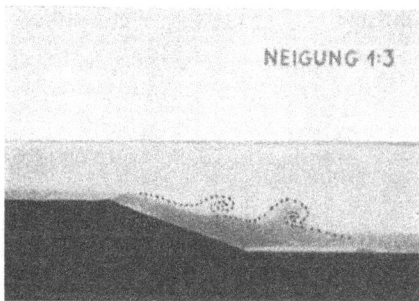

Abb. 8. Ablagerung von Braunkohle in der Grundwalze. Die aufgewirbelte Braunkohle nimmt eine dem Ablösungswirbel entsprechende Form an.

Abb. 9. Ablösungswirbel über der Schwellenböschung. Die über die Schwelle wandernde Braunkohle macht die Ablösung der Grenzschichtteilchen mit.

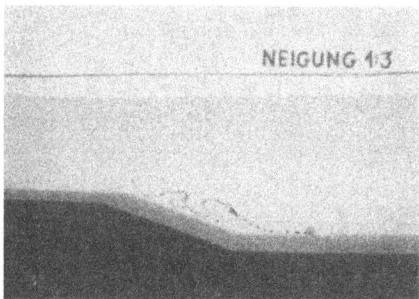

Abb. 10. Bewegung einer Bernsteinkugel über der Schwellenböschung. Die über die Schwelle wandernde Kugel löst sich mit dem Wasser ab und beschreibt einen Weg, der der Form der Ablösungswirbel entspricht.

infolge der Sohlenreibung eine kleinere Geschwindigkeit als ein Wasserteilchen außerhalb der Grenzschicht (Abb. 11). Von Querschnitt *a* bis Querschnitt *b* (Abb. 7) beschleunigen sich das Wasser und auch die Teile der Grenzschicht. Da mit der Beschleunigung eine Druckverminderung verbunden ist, wird auch den Teilchen der Grenzschicht dauernd kinetische Energie mitgeteilt, die aus Druckenergie gewonnen ist. Alle Grenzschichtteilchen werden daher in die Gebiete geringeren Druckes eindringen. Über der Schwellenkrone verringern sich unter dem Einfluß der Sohlen-

[1]) Eine Erklärung der scheinbar rotierenden Bewegung in Walzen gibt: E. Schleiermacher: Geologie und Bauwesen 1936, Heft 4.

reibung die Geschwindigkeiten in der Grenzschicht bis zum Querschnitt *d*. Beim Übergang vom Querschnitt *d* nach *e* erfahren die Grenzschichtteilchen eine Geschwindigkeitsverminderung und damit eine Druckerhöhung. Nachdem die Grenzschichtteilchen durch die Reibungsverluste über der Schwellenkrone von der aus der Druckenergie gewonnenen Geschwindigkeitsenergie einen Teil verloren haben (Abb. 7), vermögen sie nicht mehr in den Bereich höheren Druckes einzudringen und lösen sich daher von der Strömung ab. Die Ablösung der Grenzschichtteilchen und ihre rückläufige Bewegung bedingt alsdann die Wirbelbildung.

Die Ablagerung der oberhalb der Schwelle als Geschiebe eingebrachten Braunkohle im Gebiet der Grundwalze gestattete, die Ablösungswirbel im Bild festzuhalten (Abb. 8). Die Ablagerung am Schwellenfuß wird durch die Rotation der periodisch entstehenden Wirbel mitgenommen und nimmt eine dem Wirbel entsprechende Form an.

Der Ablösungswirbel wird auch sichtbar, wenn Braunkohlengeschiebe über die Schwelle geführt wird, ohne daß sich am Schwellenfuß zunächst eine Ablagerung gebildet hat (Abb. 9). Die spezifisch leichte Braunkohle macht hierbei die Bewegung des Wassers mit, fällt nach Lösung von der Strömung dann auf die Sohle nieder und lagert sich am Schwellenfuß ab.

Abb. 10 zeigt die aus Einzelbildern einer kinematographischen Aufnahme zusammengesetzte Bewegung einer Bernsteinkugel, die oberhalb der Schwelle eingebracht wird. Die Kugel macht im Bereich der Sohlengrenzschicht die Bildung eines Ablösungswirbels mit, weil sie ungefähr das gleiche spezifische Gewicht wie das Wasser besitzt. Die Kugel sinkt dann auf die Schwellenböschung herunter und rollt abwärts, bis sie durch einen zweiten Wirbel hochgesogen in den Bereich der Hauptströmung gelangt, wo sie mit dem Strom fortgetrieben wird.

Hieraus folgt, daß die Grundwalze nicht als rotierendes Gebilde[1]), sondern als ein mit Einzelwirbeln durchsetztes Totwassergebiet anzusprechen ist. Die Messung verschiedener Geschwindigkeitsrichtungen in der Grundwalze ist daher nicht möglich.

4. Der Einfluß der Grundschwelle auf die Geschwindigkeitsverteilung.

Für alle Schwellenhöhen und Versuchswassermengen sind an den in Abb. 11 bezeichneten Querschnitten die Geschwindigkeiten mit dem Pitotrohr gemessen worden, um daraus die Geschwindigkeitsverteilung über den Schwellen zu ermitteln, deren Kenntnis sowohl für die Berechnung des Wasserspiegels als auch für die Vorgänge an der Sohle notwendig ist.

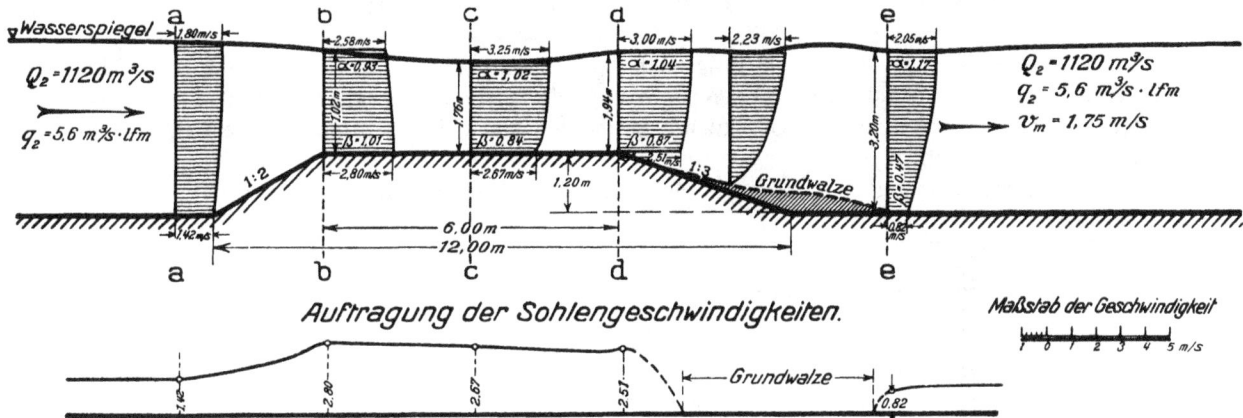

Abb. 11. Schematische Geschwindigkeitsverteilung nach Gleichung (1) bis (4) beim Abfluß von 5,6 m³/s·lfm über eine 1,20 m hohe Grundschwelle.

Im Querschnitt *a* besteht die übliche Verteilung der Geschwindigkeit in einer Lotrechten. Die Geschwindigkeitsfläche besteht aus einem Rechteck mit der Höhe *t* und der Breite v_s und aus einer Viertelellipse, deren große Achse *t* und deren kleine Achse $v_0 - v_s$ ist.

---

[1]) Dr.-Ing. Ernst Schleiermacher: Beziehungen der Strömungslehre zur Geologie. Zeitschrift für „Geologie und Bauwesen" 1936, Heft 4.

Über der Schwellenkrone im Querschnitt b (Abb. 11) vergrößern sich durch die Querschnitts-verengung die Geschwindigkeiten, außerdem tritt durch die Umlenkung der Stromfäden an der Sohle ein Unterdruck auf, der eine weitere Zunahme der Sohlengeschwindigkeiten zur Folge hat. Während in der Regel infolge der Sohlenreibung die Geschwindigkeiten von der Oberfläche nach der Sohle zu abnehmen, sind im Querschnitt b die Sohlengeschwindigkeiten größer als die Ober-flächengeschwindigkeiten. Das Verhältnis der Oberflächengeschwindigkeiten (α) und der Sohlen-geschwindigkeiten (β) zur mittleren Geschwindigkeit ist in Zusammenstellung 1 angeführt. Die Form der Geschwindigkeitsfläche (Abb. 12), die aus 15 Messungen ermittelt wurde, entspricht einem Rechteck von der Breite v_0 und der Tiefe t_0 und einer Parabelfläche, deren Scheitel an der Sohle liegt.

Die Tiefe t gilt für jede beliebige Stelle, t_0 ist die ganze Wassertiefe und $v_m = \dfrac{q}{b \cdot t_0}$ die mitt-lere Geschwindigkeit.

Bezeichnet $y^2 = 2\,p\,x$ die Parameterform der Parabel, dann bestimmt sich die allgemeine Form der Gleichung für die x/y-Achsen nach Abb. 12 zu:

$$y^2 = -\frac{t_0{}^2}{v_s - v_0} \cdot x.$$

Setzt man $v_0 = \alpha \cdot v_m$ und $v_s = \beta \cdot v_m$ nach Richtung und Größe ein, dann erhält man:

$$y^2 = -\frac{t_0{}^2}{v_m\,(\beta - \alpha)} \cdot x$$

oder

$$x = +\frac{y^2}{t_0{}^2} \cdot v_m\,(\alpha - \beta).$$

Da

$$w = v_s - |x| = \beta \cdot v_m + \frac{y^2}{t_0{}^2}\,v_m\,(\alpha - \beta)$$

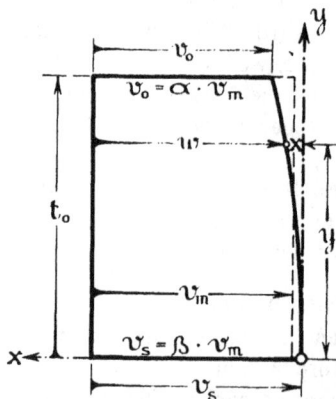

Abb. 12. Typische Form des Ge-schwindigkeitsdiagrammes im Querschnitt b.

ist, ergibt sich, wenn noch für die Veränderliche y die Veränder-liche t eingesetzt wird, die allgemeine Gleichung der Geschwindig-keitslinie:

$$w = v_m\left[\beta + (\alpha - \beta)\left(\frac{t}{t_0}\right)^2\right]. \quad \ldots \ldots \ldots (1)$$

Im Querschnitt c der Abb. 11 prägt sich der Einfluß der Sohlenreibung auf die Geschwin-digkeitsverteilung aus, da der Einfluß der Umlenkung der Stromfäden auf die Sohlengeschwindig-keiten geringer geworden ist. Die Geschwindigkeitslinie ist eine Ellipse, deren Achsen $a = t_0$ und $b = v_0 - v_s$ sind (Abb. 13).

Die Scheitelgleichung der Ellipse, bezogen auf die Achsen x/y, lautet:

$$y^2 = 2\,p\,x - \frac{p}{a}\,x^2,$$

worin

$$p = \frac{b^2}{a}$$

der Parameter der Ellipse ist. Der Parameter p errechnet sich aus den Grenzwerten der Geschwindigkeiten zu

$$p = \frac{v_m{}^2\,(\alpha - \beta)^2}{t_0}$$

für $v_0 = \alpha \cdot v_m$ und $v_s = \beta \cdot v_m$.

Die Scheitelgleichung der Ellipse lautet dann allgemein:

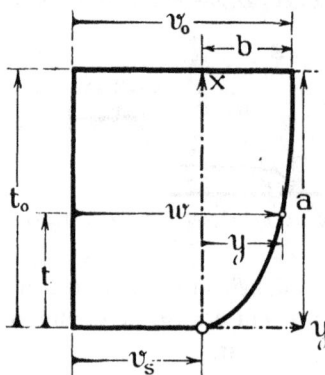

Abb. 13. Typische Form des Geschwin-digkeitsdiagrammes im Querschnitt c.

$$y^2 = 2\,\frac{v_m{}^2}{t_0}\,(\alpha - \beta)^2\,x - \frac{v_m{}^2\,(\alpha - \beta)^2}{t_0{}^2}\,x^2.$$

Da $\vec{w} = \vec{v_s} + \vec{y}$, so folgt:

$$w = v_m \left[\beta + (\alpha - \beta) \sqrt{\frac{2t}{t_0} - \left(\frac{t}{t_0}\right)^2} \right] \ldots \ldots \ldots \ldots (2)$$

t ist die unabhängig veränderliche Tiefe und w die zugehörige Geschwindigkeit.

Im Querschnitt d (Abb. 11) vergrößern sich die Sohlengeschwindigkeiten nur in geringem Maße, weil die Umlenkung der Stromfäden hier erst beginnt. Die Geschwindigkeitslinie ist eine Parabel, deren Gleichung lautet:

$$w = v_m \left[\alpha - \left(\frac{t_0 - t}{t_0}\right)^2 (\alpha - \beta) \right] \ldots \ldots \ldots (3)$$

Im Querschnitt e (Abb. 11) äußert sich der Einfluß der Umlenkung der Stromfäden und des daraus entstehenden Überdruckes in einer Verminderung der Sohlengeschwindigkeiten gegenüber dem unverbauten Querschnitt. Die Geschwindigkeitslinie ist eine Parabel (Abb. 14), deren Gleichung für das Hilfsachsenkreuz x/y aus der Scheitelgleichung der Parabel $y^2 = 2px$ abgeleitet wird, wobei zu beachten ist, daß v_m in Richtung der negativen x-Achse wirkt.

$$y^2 = - \frac{t_u^2}{v_m (\alpha - \beta)} \cdot x,$$

Der Parameter

$$p = - \frac{t_u^2}{2 v_m (\alpha - \beta)}$$

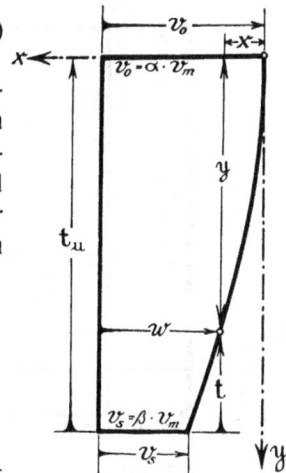

Abb. 14. Typische Form des Geschwindigkeitsdiagrammes im Querschnitt e.

wurde aus den Grenzwerten der Geschwindigkeiten bestimmt. Setzt man $w = v_0 - x$ und $y = (t_u - t)$ in die Scheitelgleichung ein, so erhält man die Gleichung der Geschwindigkeitslinie im Querschnitt e:

$$w = v_m \left[\alpha - \left(\frac{t_u - t}{t_u}\right)^2 (\alpha - \beta) \right] \ldots \ldots \ldots \ldots (4)$$

Wenn die Tiefen t_0 und t_u und die Abflußmenge bekannt sind, kann nach den Gleichungen (1) bis (4) die Geschwindigkeitsverteilung in jeder Lotrechten unter Annahme der in Zusammenstellung 1 angeführten mittleren α_m- und β_m-Werte berechnet werden, um daraus die genaue Größe des Impulses zu bestimmen (Abschnitt 5).

Aus Zusammenstellung 1 können Schlüsse über das Verhalten der α- und β-Werte für verschiedene Abflußmengen nicht gezogen werden, da hierfür die Messungen nicht ausreichen. Es kann nur festgestellt werden, daß die α_m-Werte mit abnehmender Schwellenhöhe zunehmen, die β_m-Werte jedoch abnehmen. Die Geschwindigkeitslinie ist also für kleine Schwellen steiler als für große. Die Werte der 0,80 m hohen Schwelle weichen von dieser Gesetzmäßigkeit ab.

5. Ermittlung der Kräfte, die dem Strömungsvorgang zugrunde liegen und Vergleich der wirklichen Strömung mit der Potentialströmung.

In Abschnitt 2c ist die Bedingung aufgestellt, den getauchten Abfluß mit Rücksicht auf den Sohlenangriff zu vermeiden. Es ist daher erforderlich, rechnerische Beziehungen für das Bestehen des strömenden oder gewellten Abflusses abzuleiten.

Die Aufstellung der Kräfte (Abb. 16) erfolgt unter Anwendung des Impulssatzes. Betrachtet man einen Stromfaden von der Länge Δl (Abb. 15), so besteht zwischen den beiden Kontrollflächen 0 und 1 Gleichgewicht zwischen den hydrostatischen

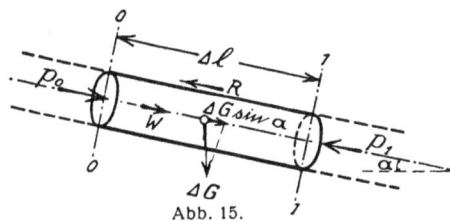

Abb. 15.

Kräften und dem Impuls, der Komponente des Eigengewichts in der Fließrichtung und den Reibungskräften[1]).

$$p_0 - p_1 + \Delta G \sin \alpha = \Delta m \frac{d\,w}{d\,t} \cdot \quad \ldots \ldots \ldots \ldots \quad (5)$$

Zusammenstellung 1.

Verhältnis der Oberflächen- und Sohlengeschwindigkeiten zur mittleren Geschwindigkeit
in den Querschnitten $b—b$, $c—c$, $d—d$, $e—e$ der Abb. 11.

$$\alpha = \frac{v_0}{v_m}, \quad \beta = \frac{v_s}{v_m}.$$

Schwellenhöhen h	α				β				α_m	β_m
	$2{,}7\,\mathrm{m^3/s}$	$5{,}6\,\mathrm{m^3/s}$	$10\,\mathrm{m^3/s}$	$17{,}5\,\mathrm{m^3/s}$	$2{,}7\,\mathrm{m^3/s}$	$5{,}6\,\mathrm{m^3/s}$	$10\,\mathrm{m^3/s}$	$17{,}5\,\mathrm{m^3/s}$		
Querschnitt b – b										
2,00	0,96	0,88	0,89	0,89	0,98	1,07	1,06	1,06	0,90	1,04
1,20	0,99	0,89	0,83	0,98	0,99	1,00	1,09	1,00	0,92	1,02
0,80	1,00	—	—	—	1,00	—	—	—	(1,00)	1,00
0,40	0,97	—	—	—	0,92	—	—	—	0,97	0,95
									0,93	1,01
Querschnitt c – c										
2,00	0,98	1,02	0,98	1,00	0,98	0,92	0,84	0,87	1,00	0,90
1,20	0,95	1,03	1,04	1,08	0,93	0,95	0,84	0,79	1,02	0,88
0,80	1,01	1,03	1,11	1,10	0,86	0,81	0,77	0,71	1,06	0,79
0,40	1,03	—	1,04	—	0,81	—	0,77	—	1,03	0,79
									1,02	0,84
Querschnitt d – d										
2,00	0,98	—	—	—	0,96	—	—	—	0,98	0,96
1,20	0,98	—	1,04	1,07	0,89	—	0,84	0,91	1,03	0,88
0,80	1,02	1,03	1,08	1,11	0,86	0,71	0,76	0,84	1,06	0,79
0,40	1,03	—	1,11	—	0,87	—	0,84	—	1,07	0,86
									1,04	0,87
Querschnitt e – e										
2,00	1,32	1,13	—	1,02	0,66	0,47	0,53	0,48	1,16	0,53
1,20	1,33	1,19	1,15	1,05	—	0,55	0,20	0,48	1,18	0,41
0,80	1,43	1,15	1,13	1,08	0,40	0,51	0,65	0,52	1,20	0,52
0,40	1,24	—	1,06	—	0,31	—	0,55	—	1,15	0,43
									1,17	0,47

Sieht man von den Reibungskräften vorläufig ab, und vernachlässigt die Komponente des Eigengewichts wegen des sehr geringen Sohlengefälles, dann bleiben die im Stützkraftsatz[2]) enthaltenen statischen Drücke und die Trägheitskräfte (Impulse) des Wassers übrig. Die statischen Drücke und der Impuls betragen damit für 1 lfm Breite ohne Berücksichtigung dynamischer Zu-

---

[1]) Dr.-Ing. Th. Musterle: Die Stützkraft und ihre Anwendung zur Berechnung von Staukurven. Die Wasserwirtschaft 1929, Heft 6 und 7.

[2]) Koch-Carstanjen: Von der Bewegung des Wassers und den dabei auftretenden Kräften. Springer, Berlin 1926.

satzdrücke durch die Krümmung der Stromfäden und der ungleichmäßigen Impulsverteilung:

$$S = \frac{t^2}{2} + 2\,k\,t \quad \text{für } \gamma = 1{,}0 \text{ kg/m}^3 \text{ und } b = 1{,}0 \text{ m}.$$

Als ungünstigster Fall wird angenommen, daß über der untersten Schwelle B der Abb. 16 der getauchte Abfluß vorhanden ist, weil dann die Wassertiefe oberhalb der Schwelle B allein nur von der Überfallhöhe über der Schwelle oder von der Wassermenge abhängig ist.

In der Kontrollfläche IV (Abb. 16) ist dann $t = t_{gr}$ und $H = H_{min} = 3/2\,t_{gr}$. Dafür wird S ein Minimum, denn

$$\frac{dS}{dt} = t - \frac{q^2}{g\,b^2\,t^2} = 0; \quad k = \frac{v^2_m}{2\,g};$$

$$t = \sqrt[3]{\frac{q^2}{b^2\,g}} = t_{gr} \quad \text{(für parallele Stromfäden)}.$$

Es ergibt sich damit aus Abb. 16 für die Kontrollfläche IV:

$$S_{min} = \left[\frac{1}{2}\,t_{gr}^2 + t_{gr}^2\right] b\,\gamma = 3/2\,t_{gr}^2\,b\,\gamma.$$

In der Kontrollfläche III wirkt S_{min} der Stützkraft $S_2 - D_2$ entgegen.

$$S_2 = \left[\frac{t_2^2}{2} + 2\,k_2\,t_2\right] b\,\gamma$$

$$S_2 = S_{min} + D_2 \text{ (Abb. 16)}$$

$$b\,\gamma\left[\frac{t_2^2}{2} + 2\,k_2\,t_2\right] = \left[3/2\,t_{gr}^2 + \frac{2\,t_2 - h}{2} \cdot h\right] b\,\gamma.$$

$$\frac{t_2^2}{2} + 2\,k_2\,t_2 = 3/2\,t_{gr}^2 + \frac{2\,t_2 - h}{2} \cdot h \quad \text{. . (6)}$$

Aus Gleichung (6) ist t_2 durch probeweises Einsetzen zu bestimmen.

Für die Berechnung der statischen Drücke und des Impulses über der Schwelle A ist die Kenntnis der Wassertiefe t_u erforderlich. Sie bestimmt sich aus folgendem Ansatz (Abb. 16):

$$H_2 + \varDelta H_u = H_u \qquad H = t + \frac{v_m^2}{2\,g} = t + k$$

$$t_2 + k_2 + \varDelta H_u = t_u + k_u, \quad \varDelta H_u = J_e\,l_1$$

$$t_u + \frac{v_{mu}^2}{2\,g} = t_2 + \frac{v_m^2}{2\,g} + J_e\,l_1 \quad \text{. . . . . (7)}$$

Das Energieliniengefälle J_e kann aus einer der bekannten Bewegungsgleichungen, etwa aus der Chézyschen Gleichung $v = c\sqrt{R\,J_e}$ errechnet werden.

Dann läßt sich t_u ebenfalls durch probeweises Einsetzen geschätzter Werte bestimmen.

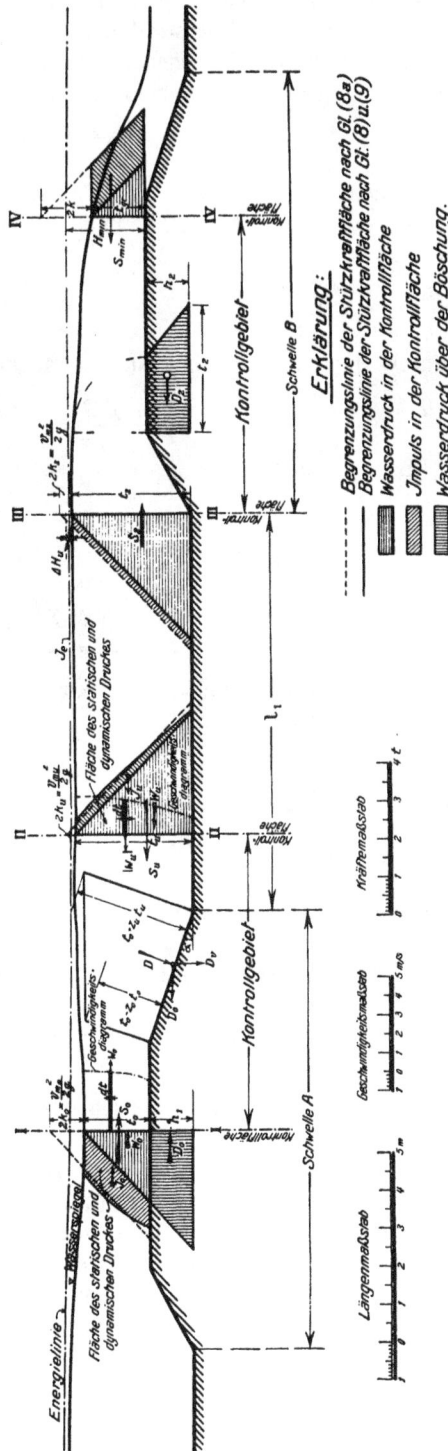

Abb. 16. Darstellung der Kräfteverteilung an einer 1,20 m hohen Schwelle. Abflußmenge $q_2 = 5{,}6$ m³/s · lfm ($Q_2 = 1120$ m³/s).

2*

Es ist zu beachten, daß das Glied $\Delta m \cdot \dfrac{dw}{dt}$ (Gl. 5) sowohl ein Differential der Momentan-geschwindigkeit w, als auch der Masse m enthält. Daher ist für die genaue Berechnung des Wasser-spiegels über der Schwelle die Kenntnis der Geschwindigkeitsverteilung im betrachteten Quer-schnitt vorauszusetzen. Hierfür können die in Abschnitt 4 abgeleiteten Gleichungen (1) bis (4) zur Ermittlung der Geschwindigkeitslinie verwendet werden.

Die Druckkraft S_0 in der Kontrollfläche I der Schwelle A setzt sich aus dem Wasserdruck W_0 und dem Impuls J_0 zusammen:

$$S_0 = W_0 + J_0 \qquad W_0 = \frac{t_0^2}{2} \cdot b \cdot \gamma.$$

Bezeichnet w die Geschwindigkeit an irgendeiner Stelle t, die das Wasserteilchen von der Höhe dt, der Breite b besitzt, dann ist, nach dem Gesetz von der Bewegungsgröße, der Impuls dieses Teilchens

$$i = dm \cdot w \quad \text{bzw.} \quad J = \int_0^M dm \cdot w,$$

worin M die Masse des in dem Querschnitt in der Zeiteinheit bewegten Wassers ist.

$$dm = \frac{dG}{g} = \frac{dq \cdot \gamma}{g} = \frac{dF \cdot w \cdot \gamma}{g} = \frac{b \cdot dt \cdot w \cdot \gamma}{g}.$$

Es folgt dann:

$$J = \frac{b\,\gamma}{g} \int_0^t w^2 \cdot dt$$

und

$$S_0 = \gamma \cdot b \left[\frac{t_0^2}{2} + \frac{1}{g} \int_0^{t_0} w_0^2 \cdot dt \right] \text{[kg]} \dots \dots \dots \dots \quad (8)$$

Unter Vernachlässigung der Geschwindigkeitsverteilung nach Abschnitt 4 vereinfacht sich der Ausdruck zu:

$$S_0 = \gamma \cdot b \left[\frac{t_0^2}{2} + 2 k_0 \cdot t_0 \right]^{[1]} \text{[kg]} \dots \dots \dots \dots \quad (8\,\text{a})$$

worin für $k_0 = \dfrac{v_{mo}^2}{2\,g}$ zu setzen ist.

Der Zahlenwert des Integrals $\dfrac{1}{g} \cdot \displaystyle\int_0^{t_0} w_0^2 \cdot dt$ ist jedoch größer als der Ausdruck $2\,k_0 \cdot t_0$, sodaß bei der Berechnung von t_0 mit Gleichung (8a) sich ein um meist 15% zu großer Wert gegen-über der Messung ergeben würde.

In der Kontrollfläche II wirkt die Druckkraft S_u, die in gleicher Weise sich bestimmt zu:

$$S_u = \gamma \cdot b \left[\frac{t_u^2}{2} + \frac{1}{g} \cdot \int_0^{t_u} w^2_u \cdot dt \right] \text{[kg]} \dots \dots \dots \dots \quad (9)$$

Außerdem wirkt als Reaktion des Wasserdruckes auf die Böschung der Grundschwelle eine Kraft D_0 der Kraft S_u entgegen. Der wirkliche Druck D auf die Böschung zerlegt sich in zwei Komponenten D_0 und D_v (vgl. Abb. 16), wobei $D_0 = D \cdot \sin \alpha$ ist.

Durch die Krümmung der Stromfäden am Kronenbruchpunkt und beim Auftreffen auf die Sohle entstehen Fliehkräfte, sodaß nicht eine statische, sondern infolge der Unter- oder Überdrücke eine dynamische Druckverteilung herrscht. Man bezeichnet den Unterschied zwischen dem stati-schen und dem dynamischen Druck als dynamischen Zusatzdruck.

Bezeichnet man den Zusatzdruck an der oberen Böschungskante mit $z_0\,t_0^{[2]}$ und an der unteren mit $z_u\,t_u$, so ergibt sich für die Reaktion der Böschungsfläche:

---

[1] Koch-Carstanjen: Von der Bewegung des Wassers und den dabei auftretenden Kräften. Springer, Berlin 1926.
[2] Vgl. Fußnote 1, S. 13.

$$D_0 = \frac{(t_0 - z_0\,t_0) + (t_u + z_u\,t_u)}{2} \cdot h \cdot b \cdot \gamma \quad \ldots \ldots \ldots \ldots \quad (10)$$

ohne daß über die Druckschwankungen über der Schwellenböschung besonders beim gewellten Strahl etwas ausgesagt ist[1].

Aus dem Gleichgewicht der Kräfte folgt dann:

$$S_0 + D_0 = S_u\,.$$

$$R + \gamma \cdot b \left\{ \left[\frac{t_0{}^2}{2} + \frac{1}{g} \int_0^{t_0} w_0{}^2 \cdot dt \right] + \frac{t_0 + t_u - z_0\,t_0 + z_u\,t_u}{2} \cdot h \right\} = \gamma \cdot b \left\{ \frac{t_u{}^2}{2} + \frac{1}{g} \int_0^{t_u} w_u{}^2 \cdot dt \right\} \quad . \quad (11)$$

In Gleichung (11) bedeutet R den Verlust durch Reibung. In den Abb. 17 bis 20 sind die auf diese Art berechneten Stützkräfte jeweils in Abhängigkeit von der Schwellenhöhe und den Naturwassermengen aufgetragen. Die Darstellung zeigt, daß die Summe $S_0 + D_0$ nahe an den Wert S_u herankommt. Aus der Zusammenstellung 2 folgt, daß die mittlere Abweichung von $S_0 + D_0$ von dem Wert S_u 4,3% beträgt. Die Größe R, die die Minderung der Stoßkräfte durch die Reibung an der Wand ausdrückt, ist infolge der Glaswände der Meßrinne und durch den glatten Zementputz des Modells klein. Der größere Teil der Abweichung ist daher zu erklären, daß die Druckverteilung auf die Böschungsfläche geradlinig angenommen wird.

In Abb. 19 sind für die Wassermenge $q = 10$ m³/s·lfm die Stützkräfte S_0 und S_u eingezeichnet, die sich ohne Voraussetzung einer ungleichmäßigen Geschwindigkeitsverteilung, also aus der mittleren Geschwindigkeit v_m berechnen. Für die Schwellenhöhe von 2,00 m liegt der Wert S_u 12% unter der wirklichen Stützkraft des Unterwassers.

Bei der Berechnung des Grenzzustandes zwischen gewelltem und getauchtem Abfluß genügt es, die Krümmung der Stromfäden durch Einführung des Mittelwertes des dynamischen Zusatzdruckes zu berücksichtigen. Die über der Schwellenkrone wirkende Kraft $S_0 = S_{\min}$ geht aus der Gleichung (8) hervor, indem für $t_0 = t_{01}$ gesetzt wird. Die Wassertiefe t_{01} ermittelt sich aus Gl. (14) aus den konstanten Werten

$$H = H_{\min} = 3/2 \cdot \sqrt[3]{\frac{q^2}{b^2\,g}}, \quad b \text{ und } q \text{ (vgl. Abschnitt 6 und Zusammenstellung 2).}$$

$$S_{\min} = \left[\frac{t_{01}{}^2}{2} + \frac{1}{g} \cdot \int_0^{t_{01}} w_0{}^2 \cdot dt \right] b \cdot \gamma.$$

Aus Gleichung (9) folgt:

$$S_u = \left[\frac{t_{u1}{}^2}{2} + \frac{1}{g} \int_0^{t_{u1}} w_u{}^2 \cdot dt \right] b \cdot \gamma,$$

indem für $t_u = t_{u1}$ gesetzt wird, und aus Gleichung (10):

$$D_0 = \frac{t_{01} - z_0 \cdot t_{01} + t_{u1} + z_u \cdot t_{u1}}{2} \cdot h \cdot b \cdot \gamma$$

$$S_u = S_0 + D_0\,.$$

Wenn $S_u - D_0 = S_0 > S_{\min}$, dann ist der gewellte Abfluß noch vorhanden. Ist aber $S_u - D_0 = S_{\min}$, dann hat t_u gerade die Unterwassertiefe erreicht, die für die Erhaltung des gewellten Abflusses mindestens noch erforderlich ist.

Der Ansatz für den Grenzzustand lautet demnach:

$$R + \left\{ \left[\frac{t_{01}{}^2}{2} + \frac{1}{g} \cdot \int_0^{t_{01}} w_0{}^2 \cdot dt \right] + \frac{t_{01} - z_0\,t_{01} + t_{u1} + z_u\,t_{u1}}{2} \cdot h \right\} b \cdot \gamma = \left\{ \frac{t_{u1}{}^2}{2} + \frac{1}{g} \int_0^{t_{u1}} w_u{}^2 \cdot dt \right\} \cdot b\,\gamma \quad (12)$$

Der Wert R kann in dem Kontrollgebiet I—II ohne große Fehler vernachlässigt werden.

[1] Vgl. Fußnote 1, S. 12.

Darstellung der statischen und dynamischen Kräfte für verschiedene Schwellenhöhen.

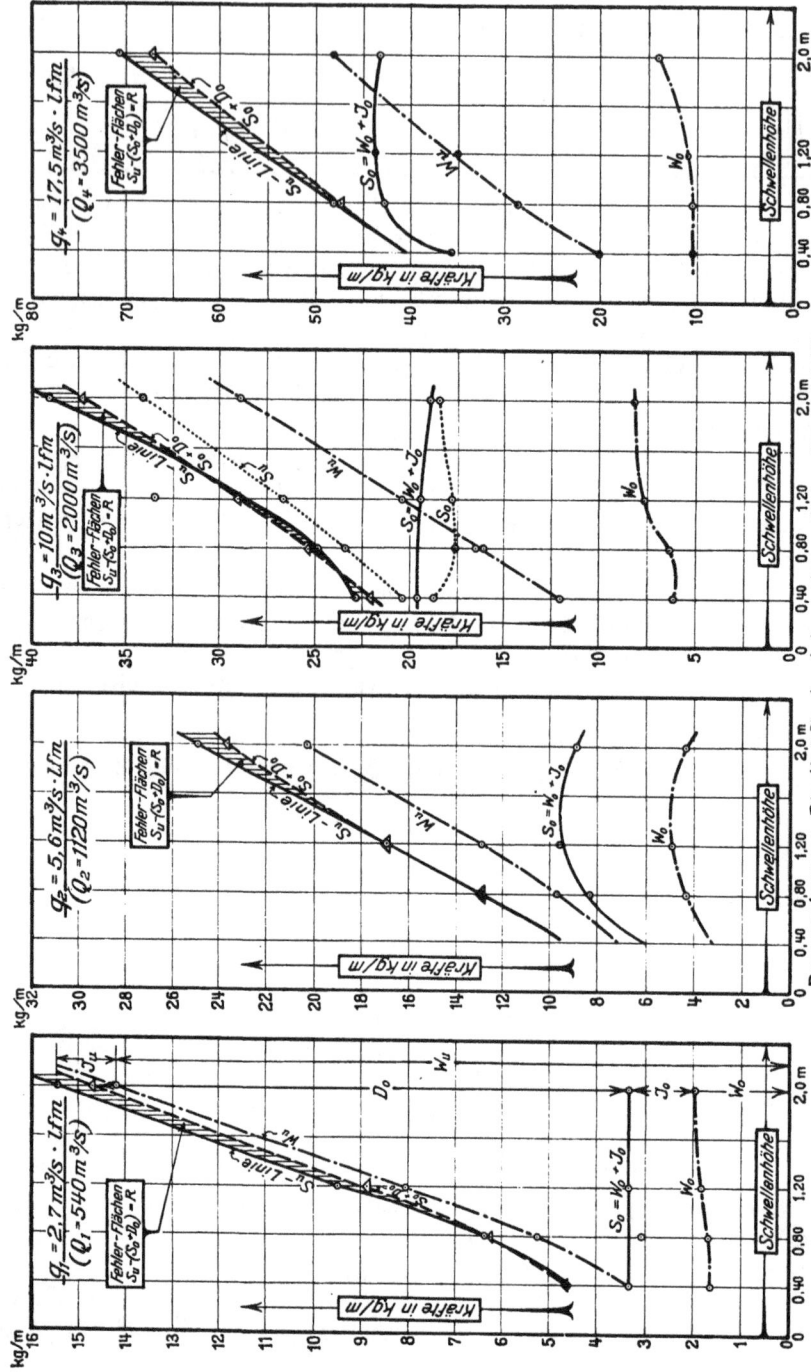

Abb. 17.

Abb. 18.

Abb. 19.

Abb. 20.

Bemerkung: Die Kräfte beziehen sich auf das Modell 1:20.

○ Meßpunkte am Modell 1:20.   △ Punkte für die Summe $S_o \cdot D_o = \frac{T}{2} \cdot b \cdot T$
— · — · — Linie des hydrostatischen Druckes W_o bezw. $W_u = \frac{T^2}{2} \cdot b \cdot \gamma$
— — — Linie $S_o \cdot D_o$ nach Gleichung 8 und 10.
— · · — · · — Linie S_o bezw. S_u für die Berechnung des Impulses aus
……… Linie S_o bezw. S_u für die Berechnung des Impulses aus
——— Linie der hydrostatischen und hydrodynamischen Druckkräfte.   der mittleren Geschwindigkeit v_m nach Gl. 8a.

Darstellung der statischen und dynamischen Kräfte für verschiedene Abflußmengen.

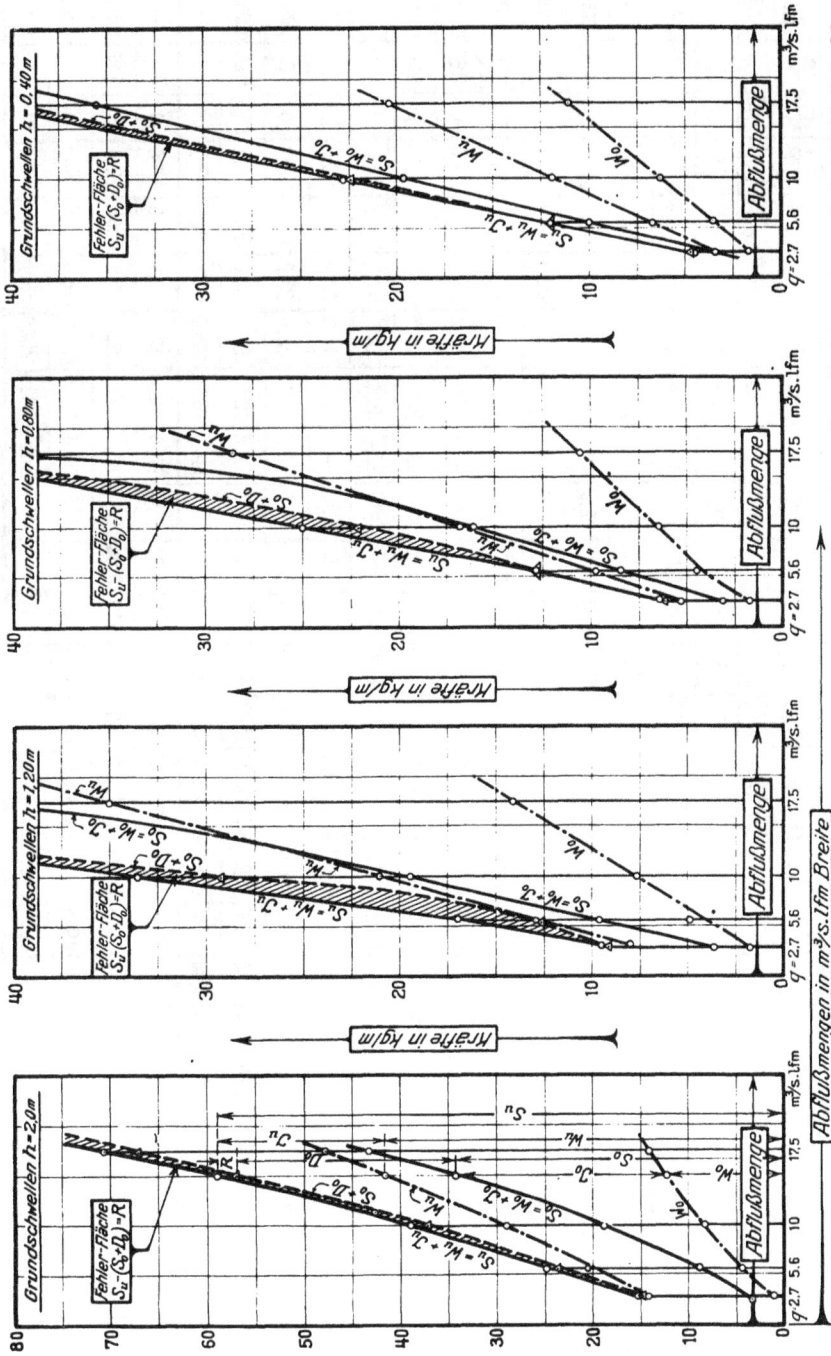

Abb. 21.

Abb. 22.

Abb. 23.

Abb. 24.

Bemerkung: Die Kräfte beziehen sich auf das Modell 1 : 20.
(siehe Bemerkung unter Abb. 17—20)

Zusammenstellung 2

der Meßergebnisse der theoretischen Versuche mit Grundschwellen.

1	2	3	4	5	6	7	8	9	10	11	12	13	14	15	16	17	18	19	20	21	22	23	24	25	26	27	28	29	30
h Natur m	h Modell cm	q m³/s	t_u gem. cm	t_o gem. cm	v_{um} cm/s	v_{om} cm/s	$\frac{v_{um}^2}{2g}$ cm	$\frac{v_{om}^2}{2g}$ cm	$\sqrt[3]{\frac{B \cdot q}{b}}=t_{gr}$ cm	$\frac{t_{gr}}{t_{o1}}$	t_2 cm	$h_ü$ cm	t_{u1} cm	t_{u2} cm	t_{o1} cm	t_{o2} cm	z_0	$\frac{t_o^2}{2}$ cm²	J_o cm²	$\frac{t_u^2}{2}$ cm²	J_u cm²	$\frac{S_ö}{b \cdot \rho}$ cm²	$\frac{D_o}{b \cdot \rho}$ cm²	$\frac{S_u}{b \cdot \rho}$ cm²	$\frac{R}{b \cdot \rho}$ cm²	C cm	z_u	Mittelwert z_u	Abweichung in % $\frac{S_u \cdot (S_o+D_o)}{S_u} \cdot 100$
2,0	10	2,7	16,85	6,25	17,9	48,4	0,16	1,20	4,53	0,720	17,25	7,10	15,79	15,58	4,10	3,85	0,07	19,5	13,9	142,0	12,5	33,4	113,8	154,5	7,30	79	0,0047	0,0056	+4,7
2,0	10	5,6	20,32	9,40	30,9	66,5	0,49	2,26	7,36	0,783	21,00	10,85	18,15	16,69	6,38	5,49	0,05	44,5	45,0	206,0	42,6	89,2	152,0	246,6	7,35	196	0,0062		+3,0
2,0	10	10,0	24,04	12,80	46,5	87,5	1,11	3,89	10,88	0,850	25,20	15,05	22,95	21,40	10,00	8,32	0,03	82,0	107,5	289,0	101,0	189,5	196,0	390,0	5,0	426	0,0057		+1,3
2,0	10	17,5	30,92	16,80	63,2	116,5	2,04	6,93	15,75	0,937	30,25	20,10	28,36	25,20	15,32	12,05	0,02	141,0	292,0	478,0	228,5	433,0	240,5	706,5	30	8 30	0,0058		+4,2
1,20	6	2,7	12,70	6,09	23,8	49,6	0,28	1,25	4,53	0,740	12,86	6,86	10,21	10,18	4,00	3,55	0,05	18,5	14,5	80,5	14,5	33,0	55,4	95,0	6,6	116	0,0077	0,0071	+6,9
1,20	6	5,6	16,08	9,91	38,1	63,2	0,74	2,03	7,36	0,742	16,52	10,52	14,12	13,03	7,14	5,34	0,03	49,2	47,2	129,0	40,2	96,4	78,0	169,2	-4,9	262	0,0077		-2,9
1,20	6	10,0	20,20	12,42	55,5	90,1	1,57	4,13	10,88	0,875	20,20	14,20	19,77	18,56	10,74	8,62	0,02	77,3	119,2	204,0	131,4	196,5	99,9	335,4	39	556	0,0059		+11,6
1,20	6	17,5	27,34	16,10	71,5	121,5	2,60	7,50	15,75	0,980	26,61	20,61	25,59	24,97	18,56	14,18	—	140⁺	294⁺	350⁺	127⁺	434⁺	130⁺	564⁺	—	—	—		—
0,80	4	2,7	10,25	5,79	29,5	52,2	0,44	1,39	4,53	0,780	10,47	6,47	9,34	8,14	4,36	3,21	0,02	16,75	14,1	52,5	11,3	30,9	31,8	63,8	1,1	243	0,0044	0,0067	+1,7
0,80	4	5,6	13,93	9,29	45,0	67,4	1,03	2,32	7,36	0,790	13,60	9,60	12,35	12,13	7,23	5,90	0,02	43,1	40,3	97,1	32,0	83,0	46,2	129,2	0	382	0,0069		0
0,80	4	10,0	18,15	11,30	61,6	99,2	1,94	5,01	10,88	0,960	17,39	13,39	16,34	15,07	10,79	7,13	0,02	64,0	97,2	165,0	83,5	161,2	61,5	248,5	25,8	550	0,0087		+10,4
0,80	4	17,5	23,90	14,55	81,8	133,5	3,41	9,20	15,75	1,080	23,65	19,65	24,79	23,06	17,47	14,30	—	105,5	396,0	285,0	196,0	427	104,0⁺	(480)	—	—	—		—
0,40	2	2,7	8,13	5,73	37,1	52,7	0,70	1,42	4,53	0,785	8,15	6,15	7,27	7,14	4,02	3,39	0,10	16,42	17,0	33,0	12,8	33,4	13,3	45,8	0	—	—	0,016	0
0,40	2	5,6	11,69	8,55	53,6	73,2	1,46	2,72	7,36	0,860	11,50	9,50	10,75	10,42	6,79	5,75	0,04	35⁺	65⁺	70⁺	50⁺	(100)	(20)	(120)	—	217	0,016		—
0,40	2	10,0	15,50	11,15	72,3	100,5	2,66	5,60	10,88	0,975	14,15	12,15	15,09	13,17	11,25	8,63	—	62,2	133,8	120,0	108,5	196,0	27,9	228,5	4,65	—	—		+2,0
0,40	2	17,5	19,40	16,09	101,0	122,0	5,60	7,54	15,75	0,980	20,20	18,20	22,74	20,22	17,98	14,43	—	110⁺	245⁺	203⁺	202,0	(355)	(50)	(405)	—	—	—		—

N.B. Die ⁺Zahlen für S_o, D_o, S_u, etc. sind aus den Kurven der Abb. 17 bis 24 die ( )⁺Zahlen nur aus den Abb. 17 bis 20 entnommen.

t_{o2} und t_{u2} = Ober- und Unterwassertiefe unmittelbar nach Eintritt des getauchten Strahles.

t_{o1} und t_{u1} = Ober- und Unterwassertiefe im Grenzfall vor Eintritt des getauchten Strahles.

Mittlere Abweichung $\dfrac{S_u - (S_o + D_o)}{S_u} \cdot 100 = 4.3\%$ (Sp. 30)

Die Berechnung der statischen Drücke und des Impulses setzt die Kenntnis der Geschwindigkeitsverteilung in den Querschnitten d und e nach Abb. 11 voraus. Da aber zur Bestimmung der Geschwindigkeitsfläche bereits die Kenntnis der wirklichen Ober- und Unterwassertiefen erforderlich wäre, ist die Rechnung nur auf einem Umwege durchzuführen. Man bestimmt zu diesem Zweck eine Tiefe t_0 unter Annahme einer gleichen Geschwindigkeits- und daher konstanten Impulsverteilung. Die Kräfte berechnen sich dann nach Gleichung (8a). Ein t_0, das die Gleichung (11) und (12) erfüllt, liegt um rd. 15% höher. Man hat also ein zweites t_0 zu wählen, für das die Geschwindigkeitslinien nach Gleichung (1) bis (4) aufzustellen sind und die Rechnung nach Gleichung (11) oder (12) durchzuführen ist. Das bei der zweiten Rechnung gewählte t_0 wird bereits sehr nahe bei dem richtigen Wert liegen. Durch eine dritte Schätzung wird man dann genau genug ein t_0 bestimmen, das der Gleichung (11) oder (12) genügt, ohne die ganze Rechnung nochmals durchführen zu müssen.

Einen Einblick in die Druckverhältnisse gibt auch die Darstellung des Stromlinien- und Potentialliniennetzes. Die Darstellung einer Strömung dieser Art setzt aber die Kenntnis der Randbedingung, d. h. der Stromfunktion für die Strömungsgrenzen voraus. Die Strömungsgrenzen sind die feste Sohle und die freie Oberfläche des Strömungsbildes. Da die freie Oberfläche meist nicht bekannt ist, ist es praktisch unmöglich, aus den unendlich vielen Wasserspiegellagen nun diejenige herauszufinden, für die außerdem noch das Bernoullische Gesetz gilt. Man wird daher die freie Oberfläche durch Messung im Modell bestimmen; dann sind die Rauhigkeitsverluste im Wasserspiegelgefälle enthalten, und aus dem Stromlinienbild kann die richtige Energielinie konstruiert werden, indem der Wert $\dfrac{v_0^2}{2\,g}$ auf den Wasserspiegel aufgesetzt wird. Die Energielinie muß dann eine Gefälle haben. Da aber Rauhigkeitsverluste in der idealen Flüssigkeitsbewegung nicht auftreten, würde eine solche Strömung den Voraussetzungen

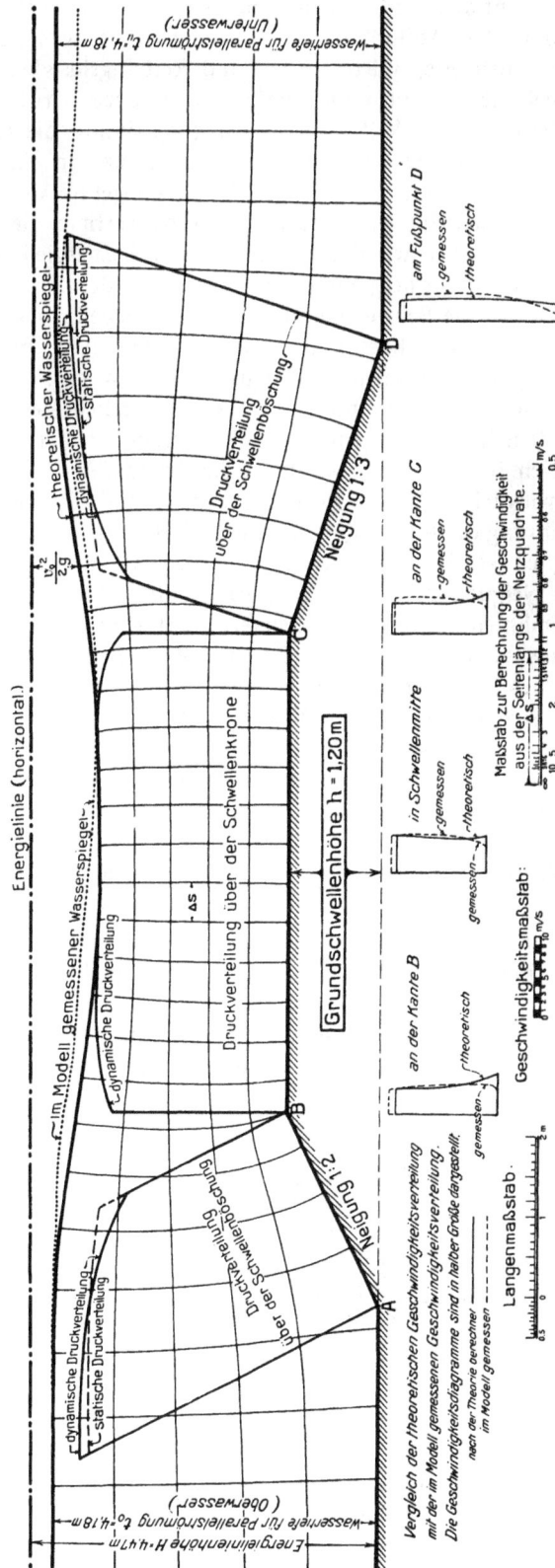

Abb. 25. Stromlinienbild und Druckverteilung eines theoretischen Abflußbildes über eine Grundschwelle, welches dem Bernoullischen Gesetz und den Voraussetzungen der Potentialtheorie genügt. Abflußmenge $q_3 = 10$ m³/s·lfm.

der Potentialströmung nicht genügen.   Es ist daher versucht worden, das Stromlinienbild eines theoretischen Abflußbildes über eine Grundschwelle zu ermitteln, das den Voraussetzungen der Potentialtheorie, Wirbelfreiheit und Reibungslosigkeit, genügt (Abb. 25). Die ermittelte Wasserspiegellinie als die unbekannte freie Grenze der Strömung wurde dabei mit einer von Böß, Karlsruhe, entwickelten Vorrichtung bestimmt, die auf der Ähnlichkeit der idealen Flüssigkeitsbewegung mit der Bewegung der Elektronen in einem festen Körper beruht.

Der theoretisch ermittelte Wasserspiegel in Abb. 25 ist die einzig mögliche Wasserspiegellage bei gegebener Wassermenge und Unterwassertiefe, die noch der Bedingung genügt, daß die aus den Oberflächengeschwindigkeiten konstruierte Energielinie horizontal verlaufen muß.

Aus der Energielinie läßt sich nach der Bernoullischen Beziehung der hydrodynamische Druck auf die Schwellenkrone und die Schwellenböschungen berechnen. Der Druckverlauf ist in Abb. 25 eingezeichnet und zeigt die bedeutende Druckverminderung an den oberen Böschungskanten, die in Gleichung (11) durch den Wert zt berücksichtigt wird. Einen bemerkenswerten Vergleich bietet der mit Hilfe des elektrischen Verfahrens ermittelte theoretische Wasserspiegel mit dem im Modell gemessenen Wasserspiegel, der in Abb. 25 punktiert eingetragen ist. In dem Bereich, in dem das Wasser durch die Grundschwelle dauernd beschleunigt wird, ist eine Abweichung der wirklichen Wasserspiegellage von der theoretischen festzustellen, während nach der bisherigen Erfahrung die Anwendung der Potentialtheorie im Beschleunigungsbereich mit größter Annäherung möglich ist. Es ist hierbei zu beachten, daß an der scharfen Kante B der Grundschwelle (Abb. 25) eine Neigung zur Ablösung eintritt, ohne daß ausgesprochene Ablösungswirbel entstehen. Die Stromlinien folgen in Wirklichkeit nicht genau der Grundschwellenbegrenzung, sodaß der Krümmungshalbmesser der Stromlinien größer, die wirklichen Sohlengeschwindigkeiten aber kleiner als die theoretisch ermittelten sind (Abb. 25). In Übereinstimmung mit dem Bernoullischen Gesetz muß sich gegenüber der Theorie im Modell ein größerer Druck (Wassertiefe) einstellen.

Im Verzögerungsbereich über der Böschung $C - D$ der Schwelle tritt durch die Ablösung eine erhebliche Abweichung von der Potentialströmung ein. Der Energieverlust, der sich im Energieliniengefälle ausdrückt, bedingt eine Verkleinerung der Unterwassertiefe.

6. Die Bedeutung des dynamischen Zusatzdruckes an der Oberkante und Unterkante der Schwellenböschung.

Für den Abfluß über Abstürze und Schwellen mit getauchtem Strahl ist von Böß[1] eine Berechnungsmethode angegeben worden, die die Krümmung der Stromfäden durch den „dynamischen Zusatzdruck"[2] berücksichtigt.

Unter der Annahme, daß die Druckverteilung geradlinig, d. h. proportional mit der Wassertiefe sich ändert (Abb. 26) erhält man die Gleichung:

$$q = b \sqrt{2\,g} \int_0^t \sqrt{H - t\,(1 - z) - z \cdot x} \cdot dx \qquad (13)$$

oder

$$q = b \sqrt{2\,g} \cdot \frac{2}{3\,z} \left\{ [H - t\,(1 - z)]^{3/2} - (H - t)^{3/2} \right\} \qquad (14)$$

wobei die absolute Größe des Unterdruckes durch $z \cdot t$ ausgedrückt wird.

Die Gleichung (13) geht für $z = 0$ über in die Form:

$$q = b \cdot t \sqrt{2\,g\,(H - t)},$$

der Gleichung für die Kochsche Parabel.

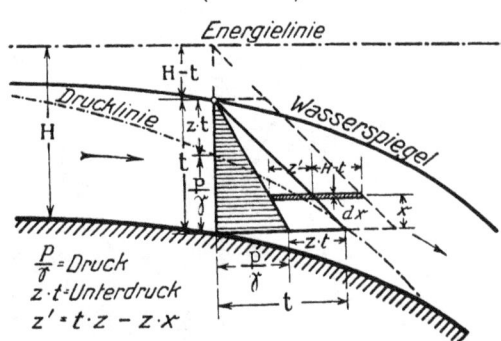

Abb. 26. Druckverteilung bei gekrümmten Stromlinien.

Ist für den Grenzfall zwischen gewelltem und getauchtem Abfluß die Wassertiefe t_{01} über der Schwelle (vgl. Zusammenstellung 2) innerhalb der Senkungslinie durch Messung bekannt, so läßt

---

[1] Vgl. Fußnote 1, S. 13.   [2] Vgl. Fußnote 1, S. 20.

sich die Größe des Unterdruckes $z_0 \cdot t_{01}$ bzw. des Verhältnisses z_0 aus Gleichung (14) ermitteln, wobei für $H = H_{min} = {}^3/_2 \cdot t_{gr}$ und für

$$t_{gr} = \sqrt[3]{\frac{q^2}{b^2 g}}$$

zu setzen ist. Dieser Grenzzustand wurde im Modell nach Beseitigung der untersten Schwelle B (Abb. 16) eingestellt.

Ein Beispiel möge den Rechnungsvorgang erläutern:

$$h = 2,0 \text{ m in Natur}$$

$$q_2 = 5,6 \text{ m}^3/\text{s} \cdot \text{lfm in Natur} = 31,3 \text{ l/s im Modell.}$$

$$t_{gr} = \sqrt[3]{\frac{q_2{}^2}{b^2 g}} = 7,36 \text{ cm}, \qquad b = 50 \text{ cm.}$$

$$H = H_{min} = 3/2 \, t_{gr} = 11,03 \text{ cm,}$$

für t_{01} wurde im Modell 6,38 cm gemessen.

Durch probeweises Einsetzen in Gleichung (14) ermittelt sich $z_0 = 0,05$. Die Größe des dynamischen Zusatzdruckes z_0 wurde für alle Schwellenhöhen und Wassermengen ermittelt (Zusammenstellung 2).

Der Strahl erzeugt durch die Umlenkung der Stromfäden im Punkt D der Abb. 25 den Überdruck

$$z_u t_u = \sum_1^n \varDelta \, (z_u t_u) = \sum_1^n \frac{w_u{}^2}{g \varrho} \varDelta t_u \; \ldots \ldots \ldots \ldots \; (15)$$

wenn ϱ der Krümmungshalbmesser einer Strahlschicht von der Dicke $\varDelta t_u$ und der Geschwindigkeit w_u ist. Gleichung (15) kann dadurch vereinfacht werden, daß die mittlere Geschwindigkeit $v_{mu} = \frac{q}{b \cdot t_{u1}}$ eingeführt wird:

$$\sum_1^n \frac{w_u{}^2}{g \varrho} \varDelta t_u \sim \frac{v_{mu}{}^2}{g \varrho_u} t_u = z_u t_u \quad \text{oder} \quad z_u = \frac{v_{mu}{}^2}{g \varrho_u}.$$

In gleicher Weise gilt:

$$z_0 = \frac{v_{mo}{}^2}{g \varrho_0}.$$

Da der absolute Betrag des Unter- oder Überdruckes ohnehin sehr gering ist, macht man keinen großen Fehler, wenn man $\varrho_0 = \varrho_u = \varrho$ setzt, und damit erhält man:

$$z_u = \frac{v_{mu}{}^2}{g \varrho} = \frac{v_{mu}{}^2}{v_{mo}{}^2} \cdot z_0 = \frac{t_{01}{}^2}{t_{u1}{}^2} \cdot z_0.$$

Die nach Gleichung (14) errechneten Werte z_0, t_{01} und t_{u1} sind aus Zusammenstellung 2 zu entnehmen.

Der mittlere Wert des Zusatzdruckes bestimmt sich zu:

$$z_u = 0,007.$$

Der Ausdruck D_0 erhält dann die in Gleichung (10) bereits dargestellte Form:

$$D_0 = \frac{(t_0 - z_0 t_0) + (t_u + z_u t_u)}{2} \, h \cdot b \cdot \gamma.$$

Obwohl innerhalb der Strömung im Zusammenhang mit der Geschwindigkeitsverteilung ein verschiedener Druck herrscht, besteht doch Gleichgewicht zwischen den Kräften. Der Druck teilt sich aber auch der Sohle mit, die als elastische Unterlage nachgibt, wenn sie nicht wie im vorliegenden Falle aus Zement, sondern wie bei den späteren Versuchen aus Braunkohle oder Sand besteht.

Trifft der Strahl auf eine bewegliche Flußsohle, so entsteht als Folge der Umlenkung der Stromfäden und des Überdruckes $z_u t_u$ ein Kolk. Der Kolk unmittelbar hinter der Schwelle ist daher nicht auf große Sohlengeschwindigkeiten zurückzuführen, denn sie sind beim strömenden oder gewellten Abfluß am Schwellenfuß kleiner, die Sohlendrücke unter dem Einfluß des Zusatzdruckes dagegen größer als im unverbauten Fluß (Abschnitt 4 und Abb. 11 und 25).

Unter dem Überdruck $z_u t_u$ wandern die Geschiebekörner den Gebieten geringen Druckes, teilweise stromaufwärts der Schwelle zu, sodaß sich am Schwellenfuß in der Grundwalze eine Anlandung bildet (Abb. 30 und 31).

7. Der Einfluß der Schwellenhöhe und des Schwellenabstandes auf den Abfluß.

a) Der Einfluß der Grundschwellenhöhe auf den Wasserspiegel.

Bei den Versuchen mit fester Sohle konnte festgestellt werden, daß durch Erhöhung der Schwellen um ein bestimmtes Maß die Unterwassertiefen mehr ansteigen, als die Erhöhung der Schwellen ausmacht. Es beträgt nach Zusammenstellung 2, Spalte 4, z. B. für eine Abflußmenge von 2,7 m³/s bei einer 10 cm hohen Schwelle im Modell die Tiefe $t_u = 16,85$ cm, bei einer 2 cm hohen Schwelle 8,13 cm. Der Unterschied 16,85 — 8,13 = 8,72 cm ist größer als der Höhenunterschied der Schwellen von 10 — 2 = 8 cm. Es ergibt sich somit, daß bei Erhöhung der Grundschwellen der Wasserspiegel mindestens um das gleiche Maß ansteigt, oder daß durch den Einbau und die Erhöhung von Grundschwellen eine Wasserspiegelhebung erreicht werden kann.

b) Der Einfluß des Grundschwellenabstandes auf das Abflußbild.

Wird der Grundschwellenabstand verringert, dann steigt der Unterwasserspiegel einer Grundschwelle durch Rückstau von der folgenden Schwelle, sodaß der Wasserspiegelunterschied zwischen Ober- und Unterwasser an einer Schwelle verringert oder der Gegendruck des Unterwassers vergrößert wird. Die Verringerung des Abstandes der Grundschwelle ist demnach ein wirksames Mittel, um den getauchten Strahl zu vermeiden.

8. Die Modellversuche für die Trockenlegung der Zuiderzee.

Im Rahmen der großangelegten Versuche über die Entwässerung und Trockenlegung der Zuiderzee[1]) wurden hauptsächlich in den Jahren 1922—1926 im Karlsruher Flußbaulaboratorium ausgedehnte Versuche zur Klärung des Abflusses über Dämme vorgenommen, deren Zweck es war, in das Wesen des Abflußvorganges einzudringen.

Die Untersuchungen erstreckten sich auf die Art des Wasserabflusses, auf die Bestimmung der Abflußmengen und die Größe der über dem Damm und über dem anschließenden Meeresgrund auftretenden Sohlengeschwindigkeiten, wofür Formeln entwickelt wurden.

Da der untersuchte Abfluß über Dämme dem Abfluß über Grundschwellen grundsätzlich gleich ist, besteht daher in gewissen Fällen eine Parallele zu den vorliegenden Versuchen.

Von den drei Abflußarten (Abb. 1, 2 und 3) sind der strömende Abfluß ohne Wellenbildung und der Abfluß mit gewellter Oberfläche wegen der an der Sohle auftretenden Grundwalze als ungefährlich bezeichnet. Die Kolke dieser beiden Abflußarten, die durch die Umlenkung des Strahles entstehen, stehen dabei in keinem Verhältnis zu den Kolken bei getauchtem Strahl. In dieser Hinsicht sind daher die Kolke der ersteren Abflußarten für den Bestand des Dammes auch tatsächlich ungefährlich.

Besondere Beachtung wurde dem Einfluß der Rauhigkeit der Oberfläche des Dammes auf die Abflußverhältnisse geschenkt, auf die an anderer Stelle eingegangen wird. Bemerkenswert war in diesem Zusammenhang das Auftreten einer „Sprungwelle" beim Übergang vom gewellten zum getauchten Abfluß, die nur bei aufgerauhten Dämmen beobachtet wurde. Es konnte bei denselben Abflußbedingungen beobachtet werden, daß drei Abflußarten auftreten können, nämlich:

1. der Abfluß mit Sprungwelle, unter der sich eine Grundwalze bildet, und anschließendem oberflächlich abfließendem Wasserstrom,
2. der Abfluß mit Sprungwelle und anschließendem untertauchendem Wasserstrom mit Deckwalze und
3. der Abfluß mit getauchtem Wasserstrom mit überlagerter Deckwalze.

[1]) Th. Rehbock: Wasserbauliche Modellversuche zur Klärung der Abflußerscheinungen beim Abschluß der Zuiderzee, ausgeführt im Flußbaulaboratorium der Technischen Hochschule Karlsruhe. 1931.

II. Teil. Versuche mit beweglicher Sohle.

1. Einleitung.

Bei den Versuchen mit fester Sohle des ersten Teiles sind zwei Erscheinungen festzustellen, deren Nichtbeachtung vielfach zu Fehlschlägen bei der Verwendung von Grundschwellen führte:

   a) die ungleichförmige Wasserbewegung, besonders die Beschleunigung und Verzögerung des Wassers beim Abfluß über die Schwelle,

   b) die durch die Krümmung der Stromlinien bedingte Kolkbildung.

Um die Auswirkung dieser Erscheinungen bei Grundschwellen in geschiebeführenden Flüssen feststellen zu können, wurden Versuche an Modellen mit beweglicher Sohle durchgeführt. Hierbei war zu scheiden zwischen den Einzelwirkungen, die eine Grundschwelle auf die bewegliche Sohle und den Wasserspiegel ausübt und zwischen den Auswirkungen von Grundschwellen in einer längeren Flußstrecke auf die Umbildung der Sohle, des Wasserspiegels und auf die Geschiebeführung.

Die Versuche gliedern sich dementsprechend in:

   1. Versuche im Maßstab 1 : 20 in einer Glasrinne, bei denen die Ergebnisse der hydraulischen Versuche für ein Modell mit beweglicher Sohle überprüft und die einzelnen Wirkungen der Schwelle auf die Sohle untersucht wurden.

   2. Versuche an einer Versuchsstrecke im Maßstab 1 : 150, die den Einfluß von Abstand und Höhe der Grundschwellen auf den Wasserspiegel, die Sohle und die Geschiebebewegung eines Flusses feststellen sollen.

Die Untersuchungen sollten zeigen, ob die Grundschwellen in Flüssen, deren Sohle sich vertieft, die Eintiefung verhindern, die Geschiebeabwanderung also ganz oder teilweise aufhalten und in Flußstrecken mit unausgeglichenem Gefälle ein Ausgleichgefälle durch Hebung des Wasserspiegels herbeiführen können. Bei den schiffbaren Flüssen kommt die Forderung hinzu, daß sich die Fahrwassertiefe über den Schwellen nicht nennenswert vermindern und Gefahren für die Schiffahrt nicht auftreten dürfen. Die Sicherheit des Bauwerkes muß in allen Fällen mit dem geringsten Aufwand an Unterhaltung gewährleistet sein.

2. Versuche im Maßstab 1 : 20.

a) Die Versuchseinrichtung.

Bei den Versuchen 1 : 20, die wie die hydraulischen Versuche in einer 7,50 m langen Spiegelglasrinne mit 5,0 m langem Einlauf (Betonrinne) durchgeführt wurden, konnten der Länge der Glasrinne wegen nur drei Schwellen im Abstand von $a_{\text{Natur}} = 56$ m angeordnet werden. Zwischen den Schwellen bestand die Sohle aus Sand bis 5 mm Korngröße (Abb. 27).

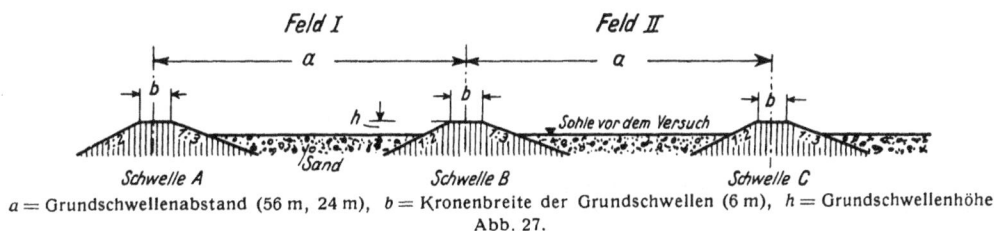

a = Grundschwellenabstand (56 m, 24 m), b = Kronenbreite der Grundschwellen (6 m), h = Grundschwellenhöhe

Abb. 27.

Um die Kolkbildung in dem beobachteten Feld II von der Geschiebezufuhr aus dem Grund-schwellenfeld I unabhängig zu machen, wurde die Sohle des Feldes I durch eine Zementschicht befestigt.

Die Versuchswassermengen entsprachen den Abflußmengen der hydraulischen Versuche und wurden während des Versuches unveränderlich gehalten. Zum Vergleich der verschiedenen Ver-suchsergebnisse betrug die Versuchszeit je eine Stunde.

Die Schwelle selbst war, um eine genügende Naturähnlichkeit zu erreichen, an ihrer Ober-fläche durch Kieskörner von 2 bis 4 mm Korndurchmesser, teilweise auch mit einem überzogenen Drahtnetz von 3 mm Maschenweite berauht.

b) Der Einfluß der Rauhigkeit der Schwellenoberfläche auf den Abfluß.

Der Einfluß der Rauhigkeit der Schwellenoberfläche wurde im einzelnen nicht untersucht, weil hierüber die Modellversuche für das Abschlußbauwerk des Zuiderzeedammes[1]) Aufschluß geben, bei denen ebenfalls zunächst mit Zementglattstrich versehene Dämme und später berauhte Dämme benutzt wurden.

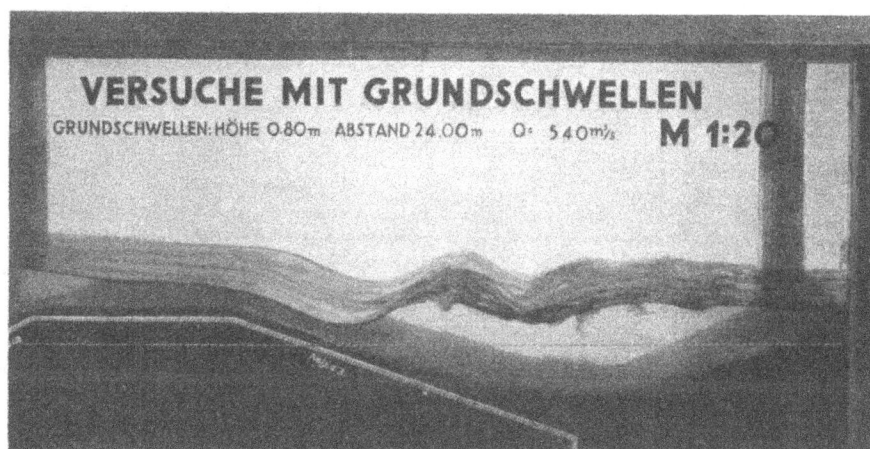

Abb. 28. Abfluß über eine berauhte Grundschwelle mit Sprungwelle. Abflußmenge $q_1 = 2,7$ m³/s·lfm
$(Q_1 = 540$ m³/s$)$.

Danach vermindern sich für getauchten Abfluß die Abflußmengen einer mittelstark berauhten Schwelle um 4—8% gegenüber der glatten Schwelle bei gleichen Überfallhöhen über die Schwelle. Für gleiche Abflußmengen sind die Wassertiefen über einer glatten Schwelle um 2,5—4% kleiner als bei berauhter Schwelle. Da aber die Sohlengeschwindigkeiten, auf die die Rauhigkeit haupt-sächlich wirkt, für gewellten oder strömenden Abfluß erheblich geringer sind als für getauchten Abfluß, wird der Unterschied zwischen den Wassertiefen bei glatter und rauher Schwelle auf etwa 2—3% zurückgehen.

Eine andere bemerkenswerte Erscheinung wurde bei den Versuchen am berauhten Abschluß-damm der Zuiderzee beobachtet, die mit „Sprungwelle" bezeichnet wurde und in drei verschiedenen Formen auftreten konnte (Teil I, Abschnitt 8). Die Sprungwelle ist ein stark gewellter Abfluß, der nur bei berauhten Dämmen von Bestand ist. Die Wellung des Strahles wird durch die Ver-größerung der Rauhigkeit verstärkt, weil dem zum Untertauchen neigenden Strahl zwischen Querschnitt $C — C$ und $C' — C'$ (Abb. 2) Energie zur Überwindung der Reibungskräfte entzogen wird. Dadurch wird das völlige Untertauchen des Strahles hinausgezögert, sodaß, wenn der ge-tauchte Abfluß entstehen soll, der Unterwasserspiegel weiter absinken muß, um den Energieverlust infolge Reibung durch die Verminderung der unterwasserseitigen Druckkräfte auszugleichen.

[1]) Th. Rehbock: Wasserbauliche Modellversuche zur Klärung der Abflußerscheinungen beim Ab-schluß der Zuiderzee, ausgeführt im Flußbaulaboratorium der Technischen Hochschule Karlsruhe. 1931.

Abb. 28 zeigt den Abfluß mit Sprungwelle über einer mit Drahtnetz berauhten Grundschwelle. Während des kritischen Zustandes vor dem Übergang in den getauchten Abfluß konnte bei gleichen Abflußbedingungen durch äußeren Einfluß sowohl der Abfluß mit Sprungwelle, wie der vollkommen getauchte Abfluß erzwungen werden. Der mit der Sprungwelle oberflächlich abfließende Wasserstrom ließ sich mit der Hand in den getauchten Abfluß herunterdrücken und umgekehrt konnte der getauchte Abfluß durch eine vorübergehende geringe Stauwirkung eines vorgehaltenen Brettes in den Abfluß mit Sprungwelle überführt werden.

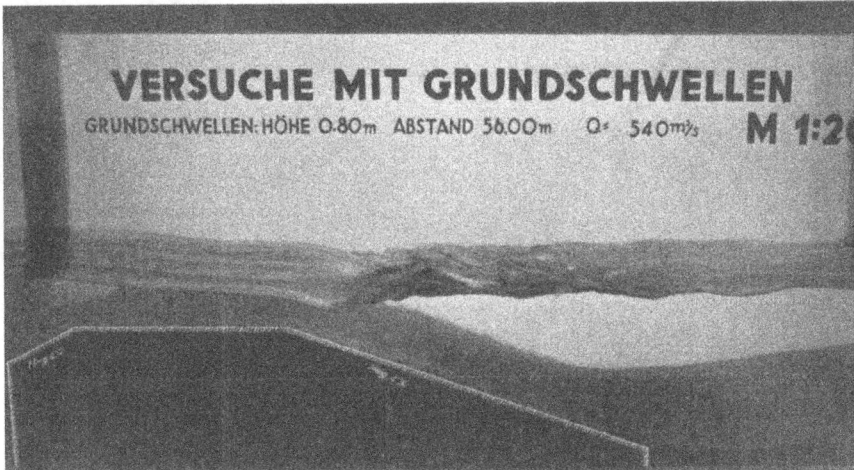

Abb. 29. Gleichzeitiges Auftreten des gewellten (Mitte) und getauchten Abflusses (Außenseiten). Abflußmenge $q_1 = 2,7$ m³/s·lfm ($Q_1 = 540$ m³/s).

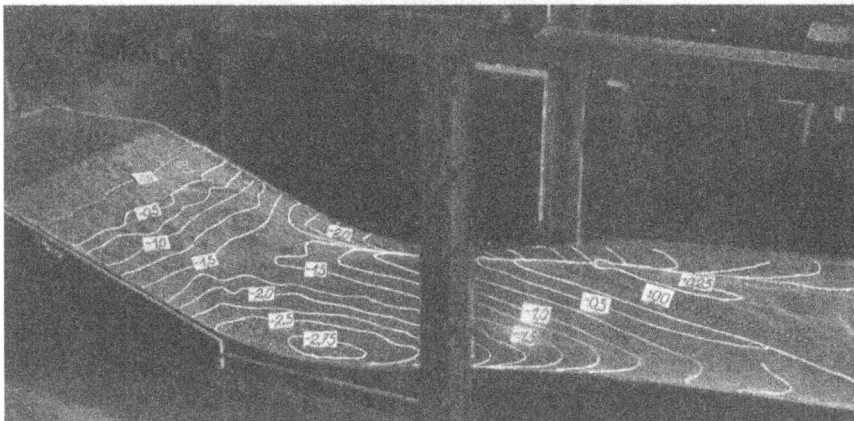

Abb. 30. Ausbildung der Sohle für die Abflußform nach Abb. 29. Der an den Außenseiten getauchte Strahl ruft größere Tiefen hervor. Abflußmenge $q_1 = 2,7$ m³/s·lfm ($Q_1 = 540$ m³/s).

Eine weitere Erscheinung des labilen Zustandes ist in Abb. 29 festgehalten. Während in der Mitte der Rinne der oberflächliche Abfluß mit Grundwalze vorhanden ist, taucht an den Außenseiten der Strahl unter. Für gleiche Abflußbedingungen sind daher nicht nur zwei Abflußarten, nämlich der gewellte und getauchte Abfluß, oder, wie bei den Zuiderzeeversuchen beobachtet wurde, drei Abflußarten nacheinander möglich, es können sogar zwei Abflußarten gleichzeitig auftreten. Wie diese Doppelerscheinung auf die bewegliche Sohle wirkt, zeigt Abb. 30. In der Mtite der Rinne ist durch die schützende Grundwalze die Kolkwirkung erheblich geringer als durch den an den Seiten auftretenden getauchten Wasserstrom.

c) Die Ausbildung der Sohle unterhalb der Schwelle.

Bei der Verpeilung von Grundschwellenstrecken mußte man feststellen, daß durch die Grundschwellen Kolke entstanden sind. Als Ursache ist nach den Ausführungen in Teil I, Abschnitt 6, die Umlenkung der Stromfäden und als Folge davon der Überdruck anzusehen. Abb. 31 stellt das Ergebnis eines einstündigen Versuches dar, mit dem für die Grundschwellen eigentümlichen Kolk, der eine Tiefe von 2,5 m unter der bei Versuchsbeginn auf $\pm$ 0,0 m eingeebneten Sohle erreicht hat. Auf der Abbildung erkennt man ferner die Wirkung der Reibung an den Glaswänden in der Ausbildung von zwei zur Rinnenachse symmetrisch liegenden tieferen Stellen. Durch die Verzögerung der Wasserteilchen an den Glaswänden entstehen Wirbel, die Doppelkolke verursachen. In einem breiten Flußbett können Doppelkolke auch infolge Verlagerung der Hauptströmung durch die über den Grundschwellenfeldern wandernden Geschiebebänke entstehen.

Abb. 31. Sohlenaufnahme nach einem Abfluß von 17,5 m³/s·lfm ($Q_i = 3500$ m³/s) bei gewelltem Strahl. Abstand der Grundschwellen 56 m. Versuchszeit 1 Stunde.

d) Der Einfluß der Grundschwellenhöhe und des Grundschwellenabstandes auf die Kolkbildung und den Verlauf des Wasserspiegels.

Eine Versuchsreihe ergab, daß die Kolktiefe durch die Grundschwellenhöhe praktisch nicht beeinflußt wird. Die Grundschwellenhöhe ist dabei das Maß, um das sich die Schwelle vor Versuchsbeginn über die Sohle erhebt. Obwohl der Kolk durch die Umlenkung der Stromfäden verursacht wird (Teil I. 6), so besteht schon bei den Versuchen mit fester Sohle keine eindeutige Abhängigkeit zwischen der Schwellenhöhe und dem durch die Umlenkung der Stromfäden bedingten Zusatzdruck (Zusammenstellung 2, Spalte 28 und 29). Ein einfacher Zusammenhang kann daher erst recht nicht bei beweglicher Sohle bestehen, weil die Umlenkung der Stromfäden sich mit der Auskolkung der Sohle dauernd ändert.

Die Abflußform hat sich mit der Schwellenhöhe nicht geändert, denn nach den theoretischen Untersuchungen im Teil I, 5, ist die Abflußform nur von den unterwasserseitigen Stützkräften abhängig.

Dagegen konnte die Länge und Tiefe des Kolkes durch Verminderung des Grundschwellenabstandes bekämpft werden. Bei einer Verkleinerung des Grundschwellenabstandes von $a_{\text{Natur}} = 56$ m auf $a_{\text{Natur}} = 24$ m (vgl. Abb. 27) kommt die Grundschwelle C an den Ort des tiefsten Kolkes der Schwelle B zu liegen. Der Wasserstrom wird dadurch erneut von der Sohle abgelenkt, sodaß sich zwischen den Schwellen schon nach einstündiger Versuchszeit ein Beharrungszustand ausbildet und die Sohle sich nicht mehr vertieft (Kolksicherung). Den Zustand der Sohle für eine Naturabflußmenge von 3500 m³/s = 17,5 m³/s·lfm bei einem Grundschwellenabstand von 24 m zeigt Abb. 32. Der Kolk erreicht nur die Hälfte der Tiefe von Abb. 31. Der in 24 m Abstand liegenden Grundschwelle *C* fällt die Aufgabe zu, gewissermaßen eine Sturzbettbefestigung zu bilden. (Dem gewählten Abstand von 24 m kommt keine Allgemeingültigkeit zu, denn er ergab sich nur aus den Verhältnissen der Versuche.)

Bei den Versuchen mit beweglicher Sohle im Maßstab 1 : 20 wurden verschiedene Kolksicherungen untersucht, so die Anordnung einer Sinkmatte am Fuß der Schwelle, oder die Ausbildung einer mehrstufigen Grundschwelle, die man sich als eine aus zwei oder mehreren ineinander geschobenen Grundschwellen mit flußabwärts fallenden Kronenhöhen entstanden denken kann. Durch die Kolksicherungen konnten die Kolktiefen der ungesicherten Grundschwelle um 30% verringert werden.

Abb. 32. Sohlenaufnahme nach einem Abfluß von 17,5 m³/s · lfm ($Q_t = 3500$ m³/s) bei gewelltem Strahl.
Abstand der Grundschwellen 24 m.   Versuchszeit 1 Stunde.

Die Versuchsreihe mit dem Zweck, die Einzelwirkungen von Grundschwellen auf eine bewegliche Sohle festzustellen, konnte hiermit abgeschlossen werden. Bei weiteren Versuchen müssen die Wirkungen von Grundschwellen auf das abwandernde Geschiebe berücksichtigt werden. Sie konnten aber nur in einer längeren Versuchsstrecke, in der sich ein ungehinderter Geschiebetrieb entwickeln konnte, ausgeführt werden.

e) Die Entstehung von Gefahrenstrecken für die Schiffahrt durch den Einbau
von Grundschwellen.

Wird ein mit Grundschwellen verbauter Fluß auch als Schiffahrtsstraße benutzt, so ist außer dem Abflußvorgang über der Schwelle zu beachten, daß der Wasserspiegellängsschnitt des Flusses durch die Grundschwellen in einzelne Haltungen aufgeteilt wird, deren Wasserspiegelgefälle sich an den Grundschwellen vereinigt, während sich in den Grundschwellenfeldern eine Stauhaltung ausbildet.

Der Abfluß über eine Grundschwelle vollzieht sich nach den im ersten Teil geschilderten Arten (Abb. 1 bis 3), wobei die Form des Abflusses vom Höhenunterschied zwischen dem Wasserspiegel oberhalb und unterhalb der Schwelle oder zwischen oberer und unterer Haltung abhängt. Der für die Schiffahrt schädliche, getauchte Abfluß ist unbedingt zu vermeiden (S. 13). Für den strömenden oder gewellten Abfluß ist mit der Anordnung einer Grundschwelle eine Geschwindigkeitserhöhung über der Schwellenkrone verbunden (Abb. 11). Für strömenden Abfluß sind die Geschwindigkeitsänderungen unerheblich, für gewellten Abfluß nehmen die Geschwindigkeiten über der Schwellenkrone zu, kurz vor dem Umschlag in den getauchten Abfluß wird der Strahl stark gewellt (Abb. 5 und 6) und die Geschwindigkeiten einem schroffen Wechsel unterworfen. Das Wasser erreicht in den Wellentälern des Strahles erheblich größere Geschwindigkeiten, die an die Wellengeschwindigkeit $\sqrt{gt}$ heranreichen, als auf den Wellenbergen.

Die Geschwindigkeitsschwankungen beim gewellten Abfluß äußern sich auf die Schiffahrt auf folgende Art: Bei der Bergfahrt trifft der Bug eines Kahnes über der Schwelle auf Geschwin-digkeiten, die erheblich größer als die Geschwindigkeiten im Flusse selbst sind, und die ihn außerdem in der Form des gewellten Strahles angreifen. An einem Modellkahn konnte beobachtet werden, daß die auf den Bug schräg von oben wirkende Kraft den Kahn mit seinem Bug auf die Grundschwelle herunterdrückt. Bei der Talfahrt wird das Heck des Kahnes der abwärtsgerichteten Kraftwirkung unterworfen und die Steuer-fähigkeit gefährdet. Der Kahn wird der Ab-sackung um so mehr nachgeben, je kürzer er ist, während der lange Kahn durch seinen größeren, noch im ungestörten Fluß befind-lichen Teil den Einwirkungen widersteht. Klagen über ein „hartes Fahren" und einen „ungleichmäßigen Trossenzug" über den Grundschwellen sind daher wiederholt be-kannt geworden (vgl. Teil III, S. 48 und 50).

Um festzustellen, welche Änderungen an einer Schwellenanordnung das plötzliche Wasserspiegelgefälle und die starken Geschwin-digkeitsschwankungen vermindern können, wurde eine Gruppe engliegender Grund-schwellen untersucht (Abb. 33). Die Schwellen-anordnung selbst war ein Sonderfall einer im Maßstab 1 : 20 in die Spiegelglasrinne ein-gebauten Grundschwellengruppe von drei Schwellen mit flußabwärts fallenden Kronen-höhen.

Das größte Gefälle zwischen oberer und unterer Haltung tritt bei Niedrigwasser auf, weil das Wasserspiegelgefälle in den Haltungen hierbei am geringsten ist. Es wurde daher nur die Versuchswassermenge eines Naturabflusses von 540 m³/s = 2,7 m³/s·lfm untersucht.

In Abb. 33 ist der Verlauf des Wasser-spiegels und der Geschwindigkeiten strich-punktiert aufgetragen. Der Übergang von der oberen zur unteren Haltung setzt sich aus zwei Einzelabstürzen zusammen, wobei die Ge-schwindigkeiten in den Wellentälern stark an-wachsen. Die erheblichen Geschwindigkeits-schwankungen in Verbindung mit den Ab-stürzen an den Schwellen verursachen sehr ungleichmäßige Strömungsverhältnisse, die

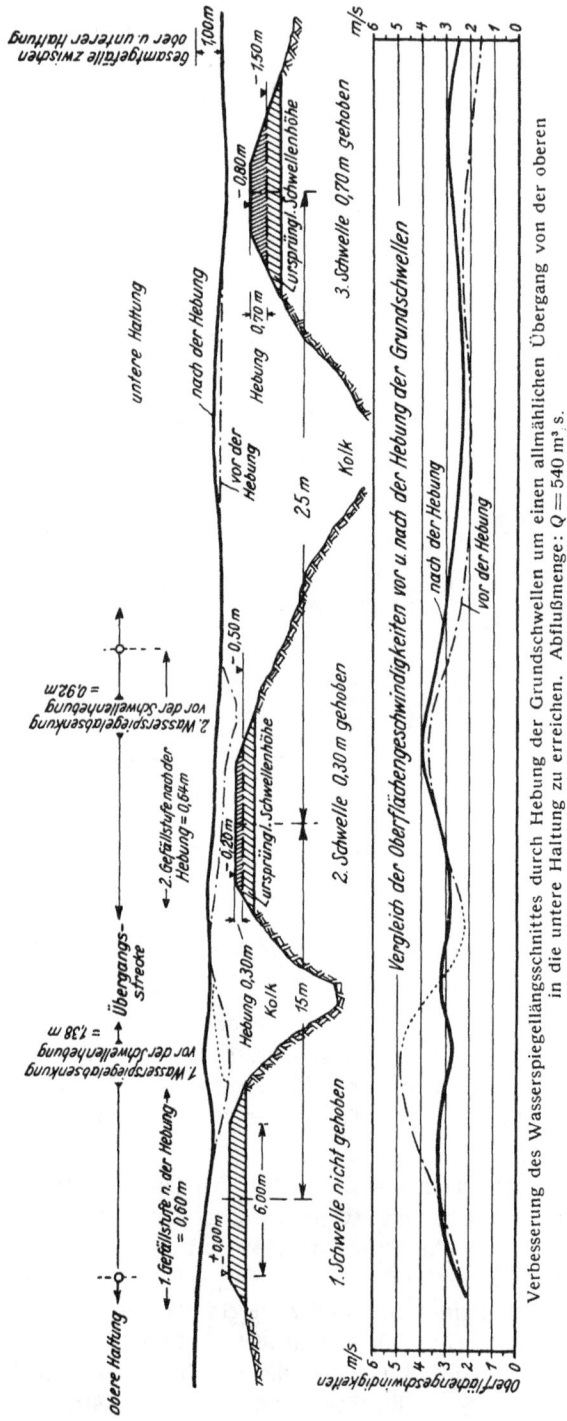

Abb. 33. Verbesserung des Wasserspiegellängsschnittes durch Hebung der Grundschwellen um einen allmählichen Übergang von der oberen in die untere Haltung zu erreichen. Abflußmenge: Q = 540 m³·s.

die Trossen eines Schleppzuges plötzlich belasten und Ursache für die Verminderung der Steuer-
fähigkeit sind.

Nach den Ausführungen in Teil I, Abschnitt 7 a, kann der Wasserspiegel über der ersten
Schwelle in Abb. 33 durch Hebung der folgenden Schwellen beeinflußt werden. Die zweite Schwelle
wurde daher um 0,30 m und die dritte Schwelle um 0,70 m gehoben, um einen gleichmäßigen
Übergang von der oberen zur unteren Haltung herbeizuführen.

Die Höhenunterschiede der zweiten und dritten Schwelle betragen demnach nur noch 0,20 m
und 0,80 m gegenüber der ersten Schwelle. Durch die Hebung wurde, wie Abb. 33 zeigt, ein nahezu
gleichmäßiger Übergang von der oberen zur unteren Haltung erreicht und ein starker Wechsel der
Geschwindigkeiten vermieden.

3. Versuche im Maßstab 1 : 150 über den Einfluß des Abstandes und der Höhe von Grundschwellen auf den Wasserspiegel und die bewegliche Sohle.

a) Allgemeines.

Wenn in eine lange Strecke eines geschiebeführenden Flusses zu den verschiedensten Zwecken
Grundschwellen eingebaut werden müssen, so beeinflussen sie außer Wasserspiegel und Sohle auch
Menge und Form der Geschiebebewegung. Durch Versuche an einer geraden Modellflußstrecke
sollten die Einwirkungen verschiedener Grundschwellenabstände und -höhen untersucht und hierbei
besonders die Ausbildung des Längsschnittes der Flußsohle und des Wasserspiegels, sowie die Größe
und der Verlauf der Geschiebebewegung festgestellt werden.

b) Die Versuchseinrichtungen und Versuchsreihen.

Für die Versuche stand eine 35 m lange und 1,5 m breite, gerade Versuchsrinne zur Verfügung, in die Grundschwellen im Gefälle 1 : 700 in verschiedenen Abständen und Höhenlagen
eingebaut wurden (Abb. 34).

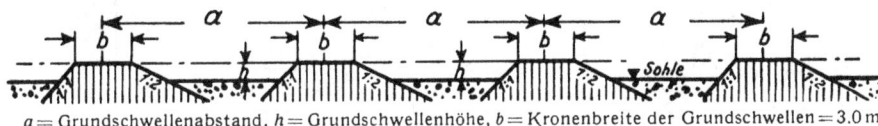

a = Grundschwellenabstand, h = Grundschwellenhöhe, b = Kronenbreite der Grundschwellen = 3.0 m
Abb. 34.

In die Zwischenfelder wurde geschlämmter Braunkohlengrus von einer bestimmten Siebkurve
verfüllt, der nach den Erfahrungen im Karlsruher Flußbaulaboratorium für einen Maßstab 1 : 150
naturähnliche Ergebnisse liefert.

Die Versuchsrinne stellt die gerade Strecke eines natürlichen, 5,2 km langen geschiebeführenden
Flusses von 200 m Breite dar.

In der ersten Versuchsreihe kamen gleichbleibende Wassermengen zum Abfluß. Es wurden
hierfür von den Abflußmengen des natürlichen Flusses (vgl. Zeichenerklärung) diejenigen verwendet, von denen eine rasche und ausgiebige Umbildung der Sohle erwartet werden konnte, auch
wenn die Dauer des Abflusses in der Natur nicht mit der Dauer der Versuche übereinstimmte.
Die Versuchsdauer betrug bei einer Abflußmenge von 3500 m³/s 12 Stunden und von 1500 m³/s
24 Stunden. Die Abflußmenge von 2000 m³/s wurde 80 Stunden über die Versuchsstrecke geleitet,
um die Veränderung der Sohle in genügend langer Zeit beobachten zu können. Nach früheren
Versuchen des Flußbaulaboratoriums entsprechen im Modellmaßstab 1 : 150 zwei Minuten im Modell
einem Naturtag, 12 Modellstunden somit einem Naturjahr.

In der zweiten Versuchsreihe sind für vier Modelljahre veränderliche Abflußmengen nach
der gemittelten Ganglinie des natürlichen Flusses verwendet worden.

Die Veränderungen der Sohle wurden durch photographische Aufnahmen der Tiefenschichtlinien festgelegt (Abb. 39). Die Tiefenschichtlinien verlaufen in Abständen von 1,0 m parallel

3*

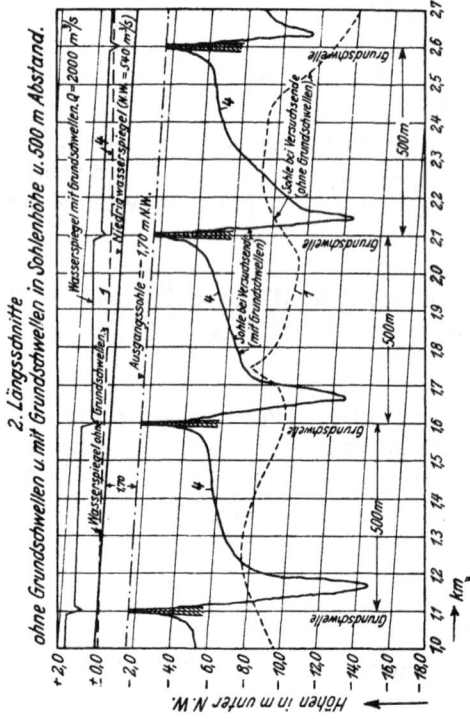

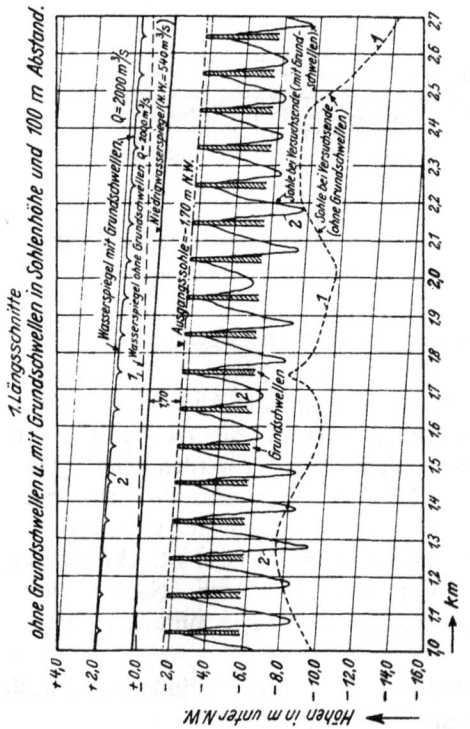

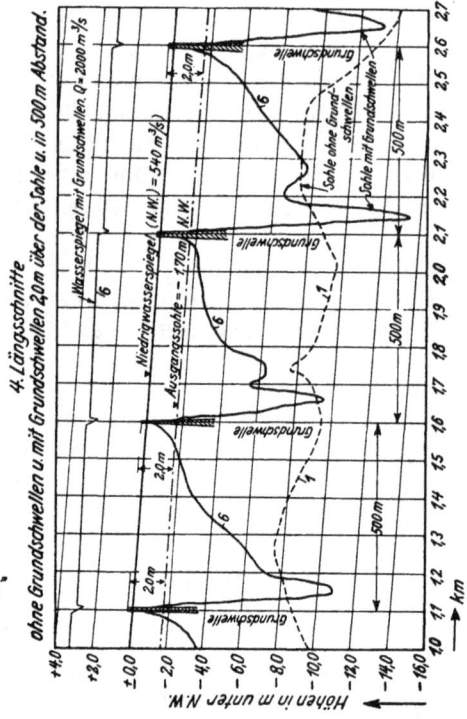

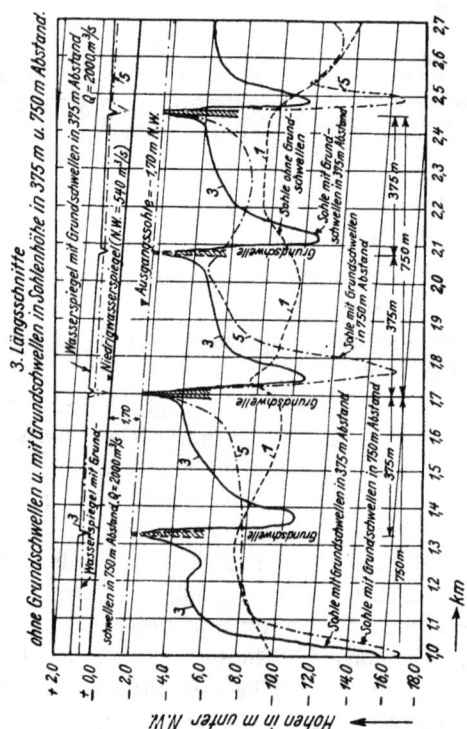

Abb. 35. Längsschnitte des Wasserspiegels und der Sohle eines Ausschnittes der Versuchsstrecke 1:150 ohne und mit Grundschwellen verschiedener Abstände und Höhenlage. Abflußmenge = 2000 m³/s.

zur Wasserspiegelebene der Niedrigwassermenge von 540 m³/s. Der Niedrigwasserspiegel (N.W.) ist als Ausgangswasserspiegel für die Betrachtung der Wasserspiegeländerungen anzusehen (Abb. 35).

Vor dem Beginn jedes Versuchs wurde die Sohle der Versuchsstrecke auf die Höhe der Ausgangssohle mit 1,70 m unter N.W. aufgefüllt und eingeebnet.

Um die in einer bestimmten Zeit durch den Endquerschnitt der Versuchsstrecke abgelaufenen Geschiebemengen bestimmen zu können, befand sich am Ende der Versuchsrinne ein Geschiebefang mit eingebauter Waage. Eine Zugabe von Geschiebe erfolgte nicht, sodaß das Geschiebe zunächst dem Oberlauf, bei längerer Versuchsdauer auch dem Mittel- und Unterlauf des Versuchsgerinnes entnommen wurde.

Da es sich bei diesen Untersuchungen darum handelt, die Wirkung von Grundschwellen in längeren Flußstrecken festzustellen, wurden die Entfernungen der Grundschwellen gegenüber den Versuchen in Teil I und Teil II, 2, die die Feststellung von Einzelwirkungen einer Grundschwelle zum Gegenstand hatten, wesentlich vergrößert, um gleichzeitig auch möglichst einschneidende Unterschiede zu erhalten. Die Grundschwellen sind in Abständen von 100, 375, 500 und 750 m eingebaut worden. Die Kronen lagen teils in der Höhe der Ausgangssohle, teils 2,0 m über der Sohle.

Die Untersuchungen gliedern sich in folgende drei Gruppen, die jeweils mit gleichbleibenden und veränderlichen Abflußmengen durchgeführt wurden:

1. Versuche ohne Grundschwellen,
2. Versuche mit Grundschwellen in Abständen von 100 m, 375 m, 500 m und 750 m, wobei die Kronen der Schwellen in Höhe der Ausgangssohle lagen,
3. Versuche mit Grundschwellen im Abstand von 500 m, wobei die Kronen der Schwellen 2,0 m über der Ausgangssohle lagen.

c) Versuche ohne Grundschwellen.

Beim Abfluß gleichbleibender Wassermengen senkt sich die Sohle unter der Einwirkung der Schleppkräfte dauernd ab. Die unaufhaltsame Sohlensenkung zeigt sich in Abb. 36 in einem dauernden Ansteigen der Summenlinien der am Auslauf gemessenen Geschiebemengen. Die abgewanderte Geschiebemenge nimmt mit der Größe der Abflußmenge zu. Es sind in 12 Stunden abgewandert (Abb. 36):

bei einem Abfluß von 1500 m³/s . . . . 140 l

„ „ „ „ 2000 m³/s . . . . 370 l

„ „ „ „ 3500 m³/s . . . . 730 l.

Ebenso senkt sich der Wasserspiegel ständig ab (Abb. 37). Die Senkung erreicht mit 1,80 m für einen Abfluß von 2000 m³/s während 80 Stunden einen unteren Grenzwert am Pegel bei km 1,3, der sich bis zum Ende des Versuchs nicht mehr ändert. Da die Endschwelle am Auslauf der Versuchsstrecke eine weitere Wasserspiegelsenkung aufhält, hat sich nach dieser Senkung unterhalb km 1,3 ein Ausgleichsgefälle des Wasserspiegels für den Abfluß von 2000 m³/s eingestellt.

Der Längsschnitt der Sohle (Abb. 35, Linie 1) zeigt eine Aufeinanderfolge von Kolk und Übergang entsprechend dem Sohlenplan, das einen vom linken zum rechten Ufer wechselnden Talweg aufwies.

Beim Abfluß veränderlicher Wassermengen nach der Abflußmengenganglinie in Abb. 38a ist eine Geschiebebewegung bereits ab 670 m³/s zu erkennen, die bei Steigerung der Abflußmenge auf 800 m³/s zu einer ausgeprägten Geschiebewanderung führt (Abb. 38a, Zustand I). Wie aus dem Vergleich der Geschiebemengenlinien für das zweite und vierte Jahr in Abb. 38a und b, Zustand I hervorgeht, setzt der Beginn der Geschiebewanderung bei Wiederholung des Abflußzeitraumes erst später ein und die gesamte abgewanderte Geschiebemenge wird geringer.

Die Aufzeichnung der Wasserspiegelhöhen an den Pegeln bei km 1,3 und 2,1 (Abb. 38c) zeigt, wie bei den Versuchen mit gleichbleibenden Wassermengen, eine dauernde und starke Absenkung.

d) Versuche mit Grundschwellen.

1. Der Einfluß des Grundschwellenabstandes.

α) Gleichbleibende Abflußmengen.

Die Krone der Grundschwellen lag bei dieser Versuchsreihe im Ausgangszustande in der Höhe der eingeebneten Sohle. Bei fester Sohle kann der Wasserspiegel von einer Grundschwelle in Sohlenhöhe nicht beeinflußt werden. Bei der beweglichen Flußsohle bildet sich jedoch schon nach kurzer Abflußzeit unterhalb der Schwelle ein Kolk und oberhalb der Schwelle eine Sohlenvertiefung aus, sodaß die Krone der Schwelle über die Sohle hinausragt. Dadurch senkt sich wie in Abb. 11 der Wasserspiegel und vergrößert sich die Geschwindigkeit über der Krone.

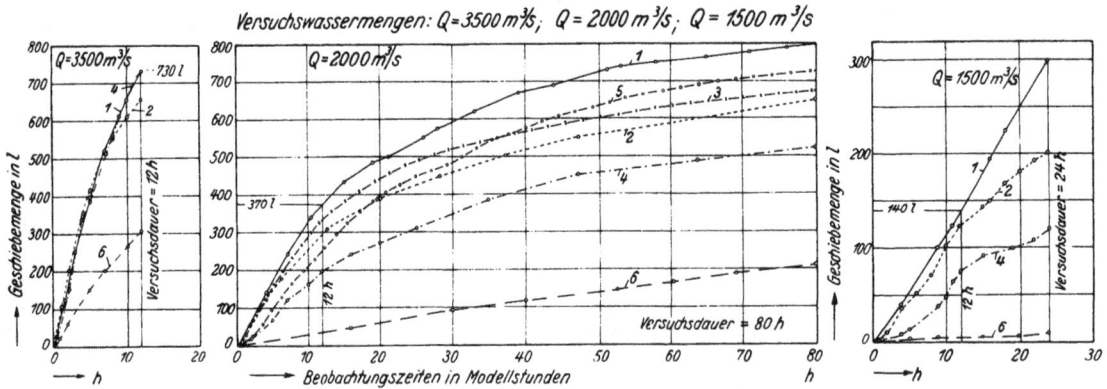

Abb. 36. Summenlinien der in der Versuchsstrecke 1:150 bei gleichbleibenden Abflußmengen am Auslauf gemessenen Geschiebemengen vor und nach Einbau von Grundschwellen in verschiedenen Höhenlagen und Abständen.

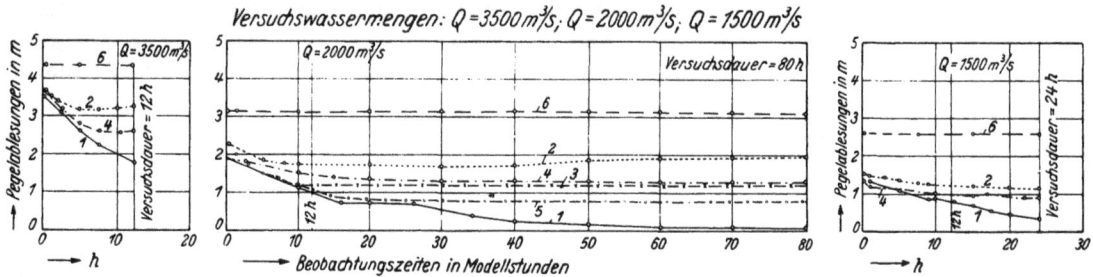

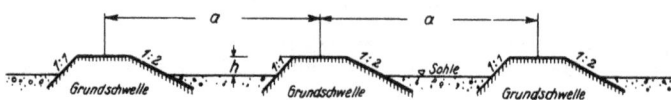

Abb. 37. Verlauf der Wasserspiegelbewegungen an der Pegelstelle km 1.3 bei den verschiedenen Grundschwellenanordnungen.

Die Veränderung der Wasserspiegellage und die Umformung der Sohle bei Grundschwellenabständen von 100, 375, 500 und 750 m bei gleichbleibendem Abfluß von 2000 m³/s während 80 Stunden sind in Abb. 35 Bild 1 bis 3 aufgetragen. Zum Vergleich ist der Wasserspiegel- und Sohlenlängsschnitt des Versuchs ohne Grundschwellen eingezeichnet.

a. Verlauf der stündlichen Geschiebeabwanderung für das 2. und 4. Jahr.

b.

Darstellung der in der Auffangvorrichtung am Modellende nach Abfluß der Wassermengen von vier Jahren zurückgehaltenen Geschiebefracht.

Abflußmengenganglinie

2. Jahr   4. Jahr

Abflußmengenganglinie

2. Jahr   4. Jahr

Maßstab der Geschiebefracht: in l

Zustand I

2. Jahr   4. Jahr

1. Ohne Grundschwellen

Zustand II

2. Jahr   4. Jahr

$Q = 800 \, m^3/s$ $Q = 670 \, m^3/s$

2. Grundschwellenkrone in Sohlenhöhe
Grundschwellenabstand = 500 m

Zustand III

Maßstab gegenüber Zustand I u. II verzehnfacht

2. Jahr   4. Jahr

$Q = 1200 \, m^3/s$ $Q = 1200 \, m^3/s$ $Q = 1200 \, m^3/s$ $Q = 1200 \, m^3/s$

3. Grundschwellenkrone 2,0 m über Ausgangssohle
Grundschwellenabstand = 500 m

Zustand IV

2. Jahr   4. Jahr

$Q = 720 \, m^3/s$ $Q = 710 \, m^3/s$

4. Grundschwellenkrone in Sohlenhöhe
Grundschwellenabstand = 100 m

Zustand I
1. Jahr
2. Jahr
3. Jahr
4. Jahr

Zustand II
1. Jahr
2. Jahr
3. Jahr
4. Jahr

Zustand III
1. Jahr
2. Jahr
3. Jahr
4. Jahr

Zustand IV
1. Jahr
2. Jahr
3. Jahr
4. Jahr

c.

Verlauf der Wasserspiegelbewegungen für eine Abflußmenge von 540 m^3/s an den Pegelstellen km 1,3 und 2,1 bei den verschiedenen Grundschwellenanordnungen.

Ohne Grundschwellen ——————
Schwellenkrone in Sohlenhöhe
   500 m Abstand — · — · —
   100 m Abstand · · · · · · · ·
Schwellenkrone 2,0 m über der Sohle
   500 m Abstand — — — —

1.   2.   3.   4. Jahr
Pegelstelle km 1,3

1.   2.   3.   4. Jahr
Pegelstelle km 2,1

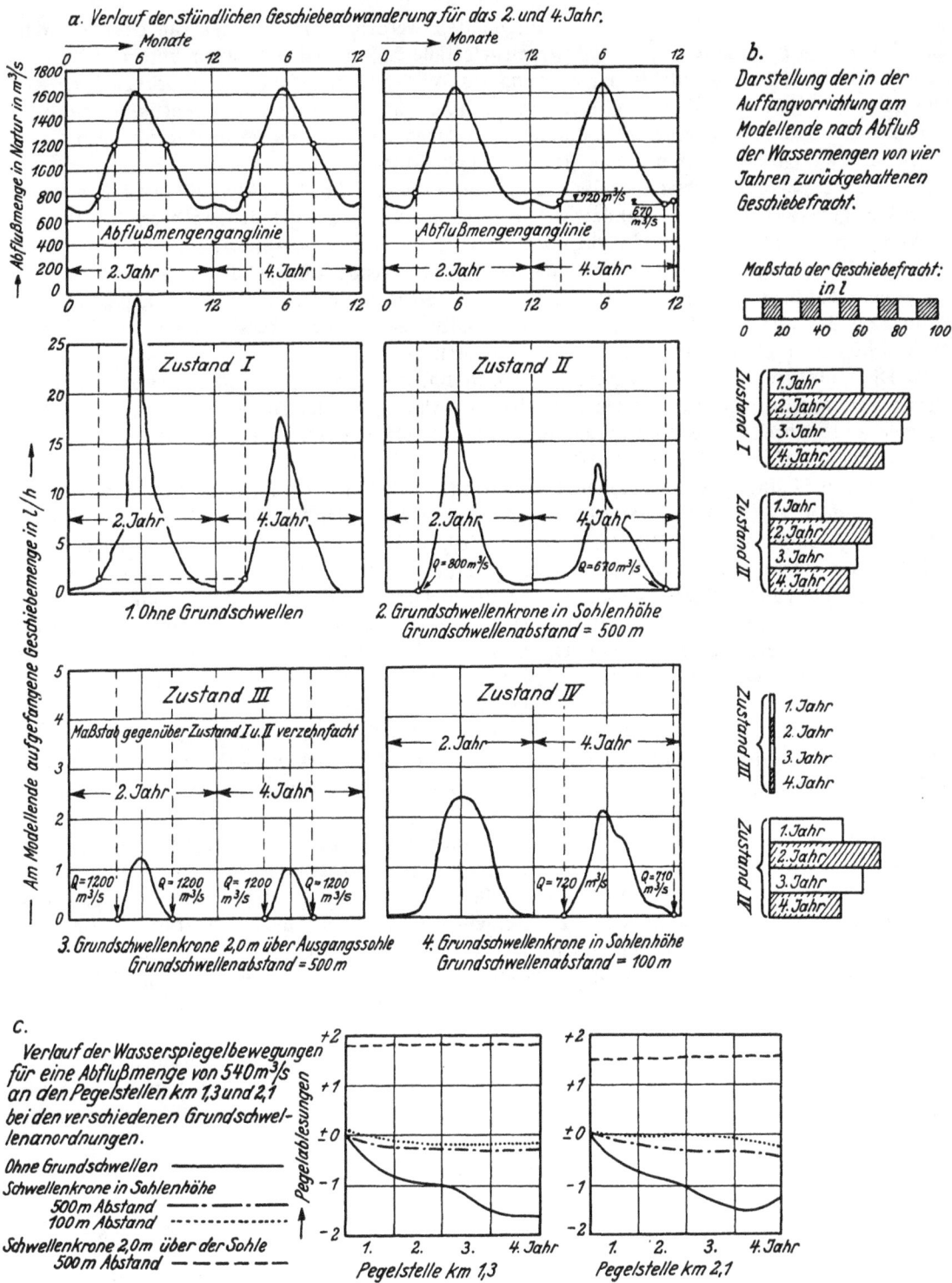

Abb. 38. Darstellung der in der Versuchsstrecke 1:150 bei veränderlicher Abflußmenge gemessenen stündlichen und gesamten Geschiebemenge ohne und mit Grundschwellen verschiedener Höhenlage und verschiedenen Abstandes.

Aus Abb. 35 geht hervor, daß durch den Einbau der Grundschwellen die Wasserspiegel-senkung in der ganzen Versuchsstrecke aufgehalten werden kann, solange die Grundschwellen ihre Höhenlage beibehalten. Das Wasserspiegelgefälle ist an den Schwellen vereinigt, während sich in den Grundschwellenfeldern ein geringeres Wasserspiegelgefälle als ursprünglich einstellt. Der Höhenunterschied zwischen oberer und unterer Haltung nimmt mit wachsendem Grund-schwellenabstand zu. Bei großen Abständen sind daher die Wasserspiegelabstürze an den Grund-schwellen zwar größer, aber seltener als bei kleinen Abständen.

Der Verlauf der Wasserspiegelbewegung am Pegel bei km 1,3 (Abb. 37) wird mit Grund-schwellen günstiger als ohne Grundschwellen, weil der Wasserspiegel sich nach anfänglicher Ab-senkung auf eine gleichbleibende Höhenlage einstellt und durch die Unterteilung der ganzen Ver-suchsstrecke in einzelne Grundschwellenfelder das beharrende Fließgefälle früher erreicht wird. Der Beharrungswasserspiegel tritt um so eher ein, je enger die Grundschwellen angeordnet sind (Abb. 35 u. 37), weil das Ausgleichgefälle in den Haltungen von dem Rückstau der Grundschwellen beeinflußt wird (vgl. Zusammenstellung 3 auf S. 41).

Die Kolktiefe ist bei den Grundschwellen in 100 m Abstand am kleinsten (Abb. 35, Bild 1). Dieser Vorzug wird jedoch durch die vielfache Kolkwirkung wieder ausgeglichen. Bei großen Ab-ständen unterschreitet die Austiefung der Flußsohle stellenweise den Sohlenlängsschnitt ohne Grundschwellen (Linie 1 in Abb. 35, Bild 2 u. 3).

Die Ausbildung einer mit Höhenlinien versehenen Sohle nach einem Abfluß von 2000 m³/s und 80 Stunden Versuchszeit zeigt Abb. 39, Bild 1 und 2, mit den hinter den Grundschwellen sich bildenden tiefen Kolken. In Bild 1 sind die in Teil II, Abschnitt 2c, beschriebenen Doppelkolke sichtbar, die durch ungleichmäßige Strömungsvorgänge entstehen.

Allgemein kann festgestellt werden, daß bei kleineren Abflußmengen die Kolke in der Ver-suchsstrecke sich stärker ausbilden als bei den großen, bei denen teilweise ein Auffüllen der Kolke bei ausreichender Geschiebezufuhr vom Oberstrom zu beobachten war. Ist daher ein Gleichgewicht der Geschiebeführung nicht mehr vorhanden und tritt Geschiebemangel auf, dann verstärken sich die durch die Grundschwellen bedingten Kolkbildungen.

Auch trat bei den kleinen Abflußmengen und großen Grundschwellenabständen an einzelnen Schwellen zeitweise der getauchte Abfluß mit seiner starken Kolkwirkung auf, während bei 2000 m³/s Abfluß der Übergang von der oberen zur unteren Haltung immer mindestens mit gewelltem Strahl erfolgte.

Nach den Auftragungen in Abb. 36 ist bei einem Abfluß von 3500 m³/s ein Unterschied der bei verschiedenen Abständen der Grundschwellen abgewanderten Geschiebemengen überhaupt nicht zu beobachten. Bei einem Abfluß von 2000 m³/s ergeben die Grundschwellen in 100 m Ab-stand teilweise größere, teilweise kleinere Geschiebemengen als in größeren Abständen. Bei einem Abfluß von 1500 m³/s, bei dem die Geschiebezufuhr vom Oberstrom nur noch gering war, konnte sich die vervielfachte Kolkwirkung enger Grundschwellen auswirken. Die hauptsächlich aus den Kolken stammende abgewanderte Geschiebemenge ist daher bei den Grundschwellen in 100 m Abstand größer als bei Grundschwellen in 500 m Abstand.

Der Einbau von Grundschwellen mit der Krone in Sohlenhöhe verringert also bei Wasser-mengen unter 3500 m³/s etwas die Abwanderung von Geschiebe gegenüber dem Zustand ohne Grundschwellen, eine durchgreifende Veränderung der Geschiebefracht wird jedoch nicht erreicht. Auch unterscheiden sich, solange eine ausreichende Geschiebezufuhr vom Oberstrom erfolgt, große (750 m) und kleine (100 m) Abstände der Grundschwellen nicht sehr stark in ihrer Wirkung.

In der nachstehenden Zusammenstellung 3 ist für den Abfluß von 2000 m³/s während 80 Mo-dellstunden und für verschiedene Abstände der Grundschwellen die Wasserspiegelsenkung am Pegel bei km 0,5, die Größe der Wasserspiegelabstürze zwischen den Haltungen für die im Oberlauf der Versuchsstrecke gelegenen Grundschwellen und der Verlust an Geschiebe in der ganzen Versuchs-strecke, als Anteil des Verlustes ohne Grundschwellen, zusammengestellt. Es ergibt sich, daß der Geschiebeverlust bei einer Entfernung der Grundschwellen von 500 m auf ²/₃ zurückgeht. Die Wasserspiegelsenkungen und die Abstürze sind bei der kleinsten Entfernung (100 m) am geringsten. Der Wasserspiegel wird daher durch die Grundschwellen um so besser auf seiner ursprünglichen Höhe gehalten, je enger die Schwellen liegen.

Zusammenstellung 3.

Schwellenabstände in m	100	375	500	750	ohne Grundschwellen
Wasserspiegelsenkung am Pegel bei km 0,5 in m . . .	0,10	0,70	0,40	1,20	1,60
Wasserspiegelabsturz zwischen den Schwellenhaltungen im Oberlauf der Versuchsstrecke in m	0,0	0,20	0,30	0,60	—
Geschiebeverlust in %	82,5	85,0	66,0	91,3	100

β) Veränderliche Abflußmengen.

Die Versuche lassen gegenüber dem Zustand I ohne Grundschwellen den Rückgang der stündlichen Geschiebemenge (Abb. 38a, Zustand II und IV) und der während der 4 Modelljahre abgewanderten Geschiebefracht (Abb. 38b, Zustand II und IV) erkennen. Ähnlich den Versuchsergebnissen mit dem gleichbleibenden Abfluß von 2000 m³/s sind auch hier die stündlichen Geschiebemengen und die Geschiebefracht bei dem Grundschwellenabstand von 100 m und dem Abstand von 500 m nahezu gleich. Infolge der etwas veränderten Gefällsverhältnisse innerhalb der Grundschwellenfelder verzögert sich der bei den Versuchen ohne Grundschwellen festgestellte Beginn der Geschiebebewegung von 670 m³/s Abfluß auf 720 m³/s Abfluß bei Grundschwellen in 100 m Abstand, und auf 800 m³/s Abfluß bei Grundschwellen in 500 m Abstand.

Der Verlauf der Wasserspiegelsenkungen (Abb. 38c) wird gegen den Zustand I durch den Einbau der Grundschwellen wesentlich verbessert, da wie bei den gleichbleibenden Abflußmengen in den einzelnen Grundschwellenfeldern sich das beharrende Fließgefälle rascher einstellt als in der unverbauten Versuchsstrecke. Ein Einfluß des Schwellenabstandes ist nicht zu beobachten.

Nach Beginn der Auskolkung in den Grundschwellenfeldern bildeten sich in der Versuchsstrecke Geschiebebänke. Sie sind bei den Versuchen mit Grundschwellen sehr flach und unregelmäßig gegenüber einer regelmäßigen Bankbildung und Bankwanderung bei den Versuchen ohne Grundschwellen. Teilweise fehlen bei den Versuchen mit Grundschwellen die Geschiebebänke ganz, teilweise ist auf einem Teil der Versuchsstrecke eine ausgesprochene Bank beobachtet worden, die aber meistens nicht bis zum Auslauf der Versuchsstrecke gelangt. Infolgedessen beeinflussen die unterschiedlichen Wandergeschwindigkeiten der Bänke die Größe der Geschiebefracht nicht.

Nach den Beobachtungen im Modell wandert in der Regel eine Geschiebebank nicht geschlossen über eine Grundschwelle. Unter dem Einfluß der Geschwindigkeitszunahme über der Schwellenkrone lösen sich die einzelnen Geschiebekörner von der Bank und wandern einzeln mit einer Geschwindigkeit über die Grundschwelle, die erheblich größer als die Wandergeschwindigkeit einer Bank in der unverbauten Versuchsstrecke ist. Die Geschiebekörner vereinigen sich unterhalb der Grundschwelle wieder zu einer neuen Bank.

2. Der Einfluß der Grundschwellenhöhe.

Um den Einfluß der Grundschwellenhöhe auf den Wasserspiegel- und Sohlenlängsschnitt festzustellen, wurden in die Versuchsstrecke Schwellen in Abständen von 500 m eingebaut, deren Kronen 2,0 m über der Ausgangssohle lagen.

Die Auftragung des Wasserspiegel- und Sohlenlängsschnittes der 2,0 m über die Ausgangssohle hinausragenden Schwellen (Abb. 35, Bild 4) zeigt bei gleichbleibenden Abflußmengen hinsichtlich der Kolktiefen, der Wasserspiegelabstürze beim Übergang der Haltungen und der Abflußform keine Abweichungen gegenüber den Beobachtungen bei den ebenfalls in 500 m Abstand liegenden Schwellen in Sohlenhöhe (Abb. 35, Bild 2), was mit den theoretischen Untersuchungen im ersten Teil übereinstimmt.

Am Pegel bei km 1,3 wurde der Wasserspiegel gegenüber den Schwellen in Sohlenhöhe gehoben und behielt seine Lage unveränderlich bei (Abb. 37). Da die Grundschwellen erheblich über die Sohle hinausragen und dadurch den Wasserspiegel von vornherein ohne Rücksicht auf die Höhenlage der Sohle festlegen, kann die bei den Grundschwellen in Sohlenhöhe beobachtete anfängliche Wasserspiegelsenkung (Abb. 37), die von der allmählich sich bildenden, unter dem Einfluß der Kolkbildung stehenden, Sohlensenkung in den Grundschwellenfeldern herrührt, nicht auftreten.

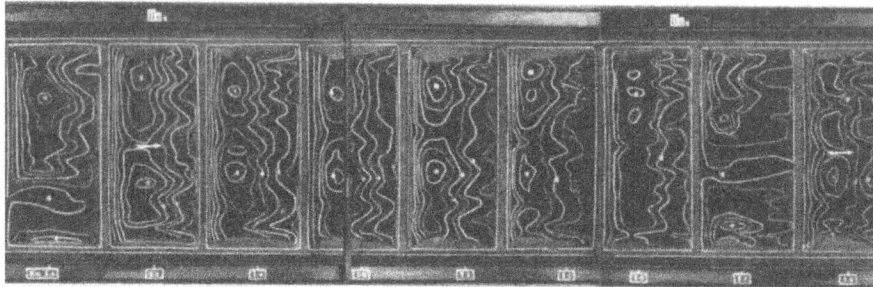

1. Grundschwellen in Sohlenhöhe und in 100 m Abstand.

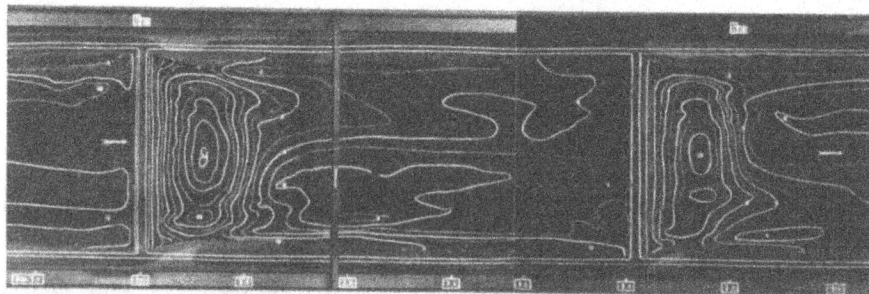

2. Grundschwellen in Sohlenhöhe und in 500 m Abstand.

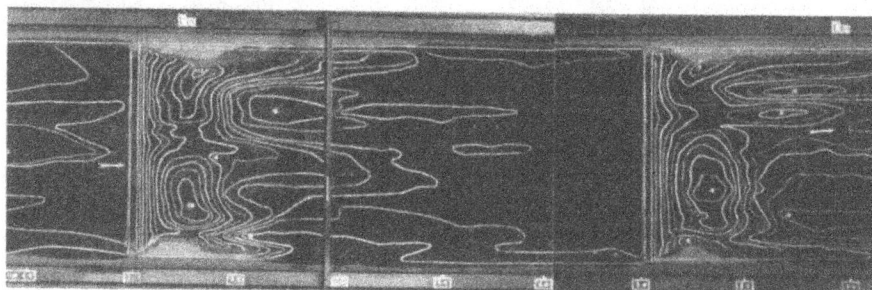

3. Grundschwellen 2,0 m über der Sohle und in 500 m Abstand.

Abb. 39. Ausbildung der Modellsohle bei verschiedenen Grundschwellenanordnungen.
Abflußmenge $Q = 2000$ m³/s, Versuchsdauer 80 Stunden.

Die Wasserspiegelhebung durch die 2,0 m hohen Grundschwellen (Abb. 37, Linie 6) ist bei Versuchsbeginn gegenüber den in gleichen Abständen liegenden Grundschwellen in Sohlenhöhe (Abb. 37, Linie 4) bei $Q = 2000$ m³/s nur etwa 1,20 m, also wegen der Beschleunigung des Wassers über der Schwelle geringer als die Schwellenerhöhung. Der Unterschied zwischen Linie 6 und Linie 4 erhöhte sich bis Versuchsende bei derselben Abflußmenge bereits auf 1,90 m, nachdem sich die Grundschwellen in Sohlenhöhe auf den Wasserspiegel ausgewirkt haben.

Die Summenlinien der gemessenen Geschiebemenge bei gleichbleibenden Wassermengen ergeben für die 2,0 m hohen Schwellen die geringsten Werte (Abb. 36). Die Summenlinie für

2000 m³/s Abfluß verläuft jedoch selbst nach 80stündiger Versuchsdauer noch ansteigend, sodaß es hier, wie bei den Schwellen in Sohlenhöhe nicht abzusehen ist, wann die Summenlinie waagerecht verlaufen und damit ein Stillstand in der Geschiebebewegung eintreten wird. Ein Beharrungszustand ist erst dann zu erwarten, wenn sich innerhalb der Grundschwellenfelder ein Ausgleichsgefälle und ein Gleichgewichtszustand zwischen Sohlenwiderstand und Angriffskraft des Wassers herausgebildet hat.

Während ohne oder mit Grundschwellen in Sohlenhöhe die Geschiebebewegung bei veränderlichen Abflußmengen etwa zwischen 670 und 800 m³/s beginnt (Abb. 38a, Zustand I und II), verzögert sie sich für die höheren Schwellen bis zu einem Abfluß von ungefähr 1200 m³/s (Abb. 38a, Zustand III). Da die Bildung eines größeren Querschnitts in den Grundschwellenfeldern die Fließgeschwindigkeit und damit auch die Schleppkraft des Wassers verringert. Aber nicht allein die stündliche Geschiebemenge, sondern auch die Geschiebefracht erreicht für die höheren Schwellen nur einen Bruchteil der Werte für die Schwellen in Sohlenhöhe.

In den vier Versuchsjahren ist an den Pegeln bei km 1,3 und 2,1 keine Wasserspiegelsenkung gemessen worden (Abb. 38c), die 2,0 m hohen Grundschwellen konnten also den Wasserspiegel auf fester Höhe halten.

Eine Gegenüberstellung der Geschiebefrachten für Grundschwellen in Sohlenhöhe und für 2,0 m hohe Schwellen mit der Geschiebefracht ohne Grundschwellen zeigt Zusammenstellung 4.

Zusammenstellung 4.

Schwellenkrone in m über der Sohle (Schwellenabstand 500 m)	2,0	0	ohne Grundschwellen
Gleichbleibende Wassermengen:			
Q = 1500 m³/s (Abb. 36)	3,3 %	39,7 %	100 %
Q = 2000 m³/s (Abb. 36)	26,1 %	66,0 %	100 %
Q = 3500 m³/s (Abb. 36)	41,6 %	99,7 %	100 %
Veränderliche Wassermengen nach der Ganglinie der Abb. 38 a .	3,0 %	65,7 %	100 %

Die über die Sohle hinausragenden Schwellen haben gegenüber den Schwellen in Sohlenhöhe den Vorteil, daß sie die Geschiebeabwanderung wirksam vermindern. Wie die Schwellen in Sohlenhöhe sind sie in der Lage, den Wasserspiegel auf einer bestimmten Höhe zu halten. In der Ausbildung des Wasserspiegel- und Sohlenlängsschnittes bieten sie jedoch gegenüber den Schwellen in Sohlenhöhe keine beachtlichen Verbesserungen.

Zusammenstellung der Versuchsergebnisse des I. und II. Teiles.

1. Durch den Einbau einer Grundschwelle in eine Flußstrecke entsteht ein ungleichförmiger Abfluß über der Schwelle, der über der Schwellenkrone den Wasserspiegel senkt und die Geschwindigkeit vermehrt.

2. Beim strömenden und gewellten Abfluß löst sich der Strahl beim Verlassen der Schwellenkrone von der Schwellenböschung los und bildet Wirbel, die sich in einer Grundwalze sammeln.

3. Bei mehreren Grundschwellen wird der Wasserspiegellängsschnitt in Stauhaltungen aufgeteilt und das Wasserspiegelgefälle an den Schwellen vereinigt.

4. Der Wasserspiegellängsschnitt einer mit Grundschwellen verbauten Flußstrecke kann mit dem Impulssatz berechnet werden. Es ist zu beachten, daß für die Berechnung des Impulses in einem Querschnitt die Geschwindigkeitsverteilung in der Lotrechten berücksichtigt werden muß.

5. Bleiben die Grundschwellenkronen auf fester Höhe, so wird der Wasserspiegel über den Schwellen ebenfalls auf fester Höhe gehalten. In dem Grundschwellenfeld kann sich der Wasserspiegel mit zunehmender Austiefung senken, jedoch nicht unter die Höhe, die durch den Rückstau der nächsten stromabwärts liegenden Schwelle bedingt ist.

6. Der Sohlenlängsschnitt wird durch eine Grundschwelle maßgebend beeinflußt, indem bei geringer Geschiebeführung auch beim strömenden oder gewellten Abfluß unterhalb der Grundschwelle Kolke auftreten, die zum Nachsacken der Schwelle führen können und daher laufend Unterhaltungsarbeiten erfordern. Die Kolke sind durch die Umlenkung der Strömung beim Auftreffen auf die Sohle bedingt.

    Tritt infolge eines großen Grundschwellenabstandes und eines geringen Wasserspiegelgefälles in den Haltungen an einer Grundschwelle der getauchte Strahl auf, dann bilden sich unterhalb der Schwelle sehr tiefe, den Bestand der Grundschwelle gefährdende Kolke aus. Der getauchte Strahl ist daher unbedingt zu vermeiden.

7. Bei Verringerung des Grundschwellenabstandes wird der Wasserspiegelabsturz beim Übergang der Haltungen, die Wasserspiegelsenkung in den Haltungen und die Kolktiefe unterhalb der Schwellen kleiner. Die Geschiebefracht ist, solange eine genügende Geschiebezufuhr vom Oberstrom her besteht, vom Grundschwellenabstand unabhängig. Bei unzureichender Geschiebezufuhr haben Grundschwellen in engen Abständen eine vermehrte Kolkwirkung und Geschiebefracht zur Folge.

8. Die Zunahme der Grundschwellenhöhe wirkt sich auf die Abflußform über den Schwellen und die Kolktiefe unterhalb der Schwellen nicht aus. Der Beginn der Geschiebewanderung wird durch höhere Grundschwellen verzögert und die Geschiebefracht wesentlich vermindert.

9. Die Beschleunigung des Wassers über der Schwellenkrone beeinflußt die Schiffahrt. Die Geschwindigkeitserhöhung über der Schwellenkrone ist gesetzmäßig bedingt und kann nicht vermieden werden. Für die Schiffahrt schädlich sind nur große Abstürze hinter den Schwellen beim Übergang der Haltungen. Durch Verkleinerung des Grundschwellenabstandes kann der an einer Grundschwelle vereinigte Absturz in mehrere kleinere Abstürze aufgelöst werden.

III. Teil. Erfahrungen an Grundschwellen in der Natur.

1. Allgemeines.

Die in Teil I und II behandelten Auswirkungen von Grundschwellen auf die Ausbildung der Flußsohle und auf das Verhalten des Wasserspiegels erfahren durch den Vergleich mit einigen Naturmessungen und Beobachtungen an Isar, Rhein, Weser und Elbe eine wertvolle Bestätigung und Vervollständigung.

Da Grundschwellen bisher noch nicht in dem den Versuchen zugrunde gelegten Umfang und Zusammenhang in der Natur eingebaut sind, ist der Vergleich auf einzelne Beobachtungen ausgebauter Teilstrecken beschränkt.

Die vielseitige Verwendung und Wirkung von Grundschwellen in der Natur kann nach folgenden Gesichtspunkten unterteilt werden:

1. Festlegung der Sohle, um dauernde Sohlen- und Wasserspiegelsenkungen nach Ausbau eines Flusses zu verhindern.
2. Aufhöhung von meist in Krümmungen liegenden Übertiefen, um die Schiffahrtsrinne zu verbessern.
3. Ausgleich eines unregelmäßigen Wasserspiegellängsgefälles.
4. Abschluß von Flußarmen oder seitliche Einschränkung zur Ablenkung des Stromstriches.

2. Wasserspiegel über einer Grundschwelle in der Isar[1].

Die photographische Aufnahme des Wasserspiegels über einer Grundschwelle in der Isar (Strecke Bogenhausen—Wehr bei Oberföhring vor dessen Erbauung) (Abb. 40) ist ein Beispiel für den Abfluß mit gewelltem Strahl (Abb. 2). Der Übergang von der oberen zur unteren Haltung (Teil II, Abschnitt 2e) vollzieht sich in einer der Abb. 6 sehr ähnlichen Form. Man erkennt deutlich die kurz vor dem Umschlag in den getauchten Abfluß (Abb. 3) auf der Oberfläche des gewellten Strahles sich bildende Deckwalze, die in diesem Grenzzustand gleichzeitig mit der Grundwalze bestehen kann.

3. Die Grundschwellen im Rhein.

a) Auf der badischen, bayrischen und hessischen
Rheinstrecke.

Die Herstellung der Grundschwellen auf der badischen Rheinstrecke erfolgt mit Faschinenwürsten, auf der hessischen und preußischen Rheinstrecke bestehen die Grundschwellen aus Schüttsteinen, deren Oberflächen und Kronen unter Zuhilfenahme des Taucherschachtes gepackt werden.

Die Grundschwellen hatten die Aufgabe, große Tiefen im Talweg zu verbauen, den Querschnitt zu verbreitern

Abb. 40. Wasserspiegel über einer Grundschwelle in der Isar.

[1] Die Aufnahme (Abb. 40) wurde mir in liebenswürdiger Weise von Dr.-Ing. E. Schleiermacher, Karlsruhe, zur Verfügung gestellt.

und damit die Schiffahrtsverhältnisse zu verbessern. In Übereinstimmung mit den Modellversuchen wurde in der Rheinstrecke bei Altlußheim, in der die Grundschwellen schon einige Jahre beobachtet werden konnten, festgestellt, daß das in die Grundschwellenfelder verfüllte Baggergut sofort abgeschwemmt wurde. Nur bei Hochwasser füllten sich die entstandenen Kolke vorübergehend infolge der starken Geschiebezufuhr etwas auf.

Da die Grundschwellen bei Altlußheim in engen Abständen liegen und das Wasserspiegelgefälle gering ist, hat sich der ungleichförmige Wasserabfluß über der Schwelle nicht nachteilig bemerkbar gemacht, die Schiffahrtsverhältnisse sind im Gegenteil durch Verbreiterung der Fahrwasserrinne wesentlich verbessert worden.

b) In der Rheingaustrecke.

Der Rhein spaltete sich bei Mainz bis zum Jahre 1856 in den Ingelheimer- und den Wachsbleicharm, die sich nach ihrer Vereinigung als Mombacher Arm mit dem Biebricher Hauptarm treffen. Nachdem vorübergehend der Wachsbleicharm geschlossen war, wurde im Jahre 1878 die Öffnung des Wachsbleicharmes vertraglich festgelegt und seit 1903 bildet der Wachsbleich- und Mombacher Arm eine zweite Schiffahrtsrinne. Da der Wachsbleicharm eine zu große Tiefe besaß, wurde die erstrebte Normaltiefe durch Einbau von Grundschwellen hergestellt. Die in Abständen von 100 m verlegten Schwellen hatten damit die Aufgabe, die Austiefung des Wachsbleicharmes und eine damit verbundene größere Wasserführung zum Schaden des Biebricher Hauptarmes zu verhindern. Die gewünschte Festlegung der Sohle wurde erreicht. Trotzdem ist der Wachsbleich-Mombacher Arm bei gemitteltem Niedrigwasser heute nicht mehr befahrbar, weil sich inzwischen die unbefestigte Sohle des Biebricher Hauptarmes unter der erodierenden Wirkung des Wassers vertiefte und eine Wasserspiegelsenkung verursachte.

Abb. 41. Aufnahme der Veränderung der Wasseroberfläche des Rheins durch die Grundschwellen gegenüber Rüdesheim.

Weitere einzelne Grundschwellengruppen bei Oestrich, St. Bartholomae und an der Kraus-Aue liegen in Felsstrecken und dienen zum Ausgleich unregelmäßiger Querschnitte. Durch die starke Strömung über den Grundschwellenkronen wurden nach dem Einbau laufende Kosten für die Ausbesserung der Kronen nötig. Die Aufhöhungen liegen zwischen 30 bis 50 cm jährlich.

Die Grundschwellen gegenüber Rüdesheim sollen den Strom in das Fahrwasser lenken. Sie liegen daher seitlich der Fahrwasserrinne nur 0,78 m unter Gl.W. 08. Ihre Aufgabe erfüllen sie in vollkommenster Weise, und da sie außerdem gering überströmt sind, ist eine mit bloßem Auge sichtbare Wasserspiegelsenkung über der Schwellenkrone festzustellen. Die Wasserspiegelsenkung zeigt sich in Abb. 41 in vier waagerecht verlaufenden, hellen Linien. Längspeilungen, die Aufschluß über die Austiefungen hinter den Grundschwellen geben könnten, liegen bisher nicht vor, da meist nur die Kronen der Schwellen zur Feststellung der erforderlichen Ausbesserungen verpeilt werden.

c) Die Grundschwellen im zweiten Fahrwasser der Binger-Loch-Strecke[1]).

Das für die Schiffahrt geschaffene zweite Fahrwasser zur Umgehung des Binger-Lochs wurde nach dem Jahre 1920 durch Beseitigung der über die Regulierungssohle hinausragenden Felsmassen auf 2,10 m unter Gl.W. 08 vertieft, nachdem in der Binger-Loch-Strecke und auf der anschließenden Stromstrecke bis St. Goar bereits eine Tiefe von 2,0 m unter gemitteltem Niedrigwasser bestand.

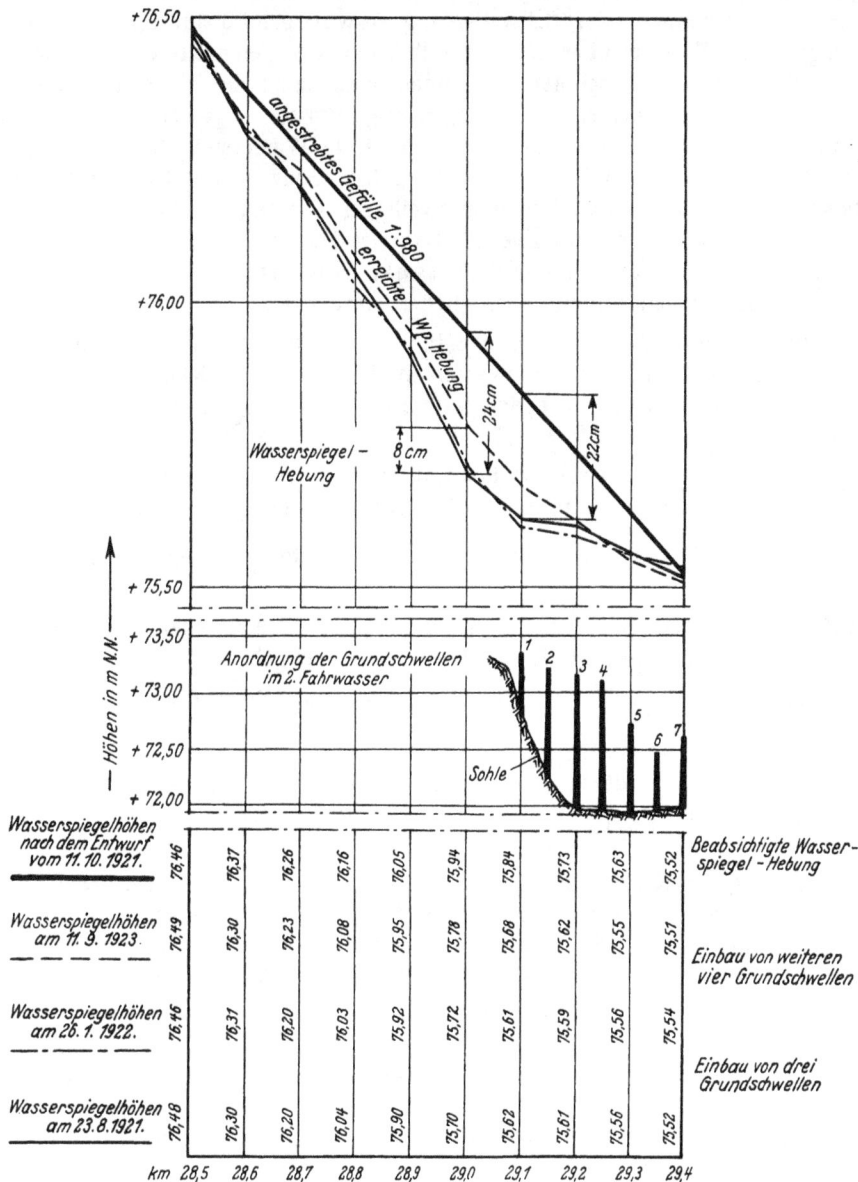

Abb. 42. Wasserspiegelgefälle des Rheins im 2. Fahrwasser der Binger-Loch-Strecke
bei + 1,28 m am Binger Pegel.

[1]) R. Buchholz, Dr.-Ing., Oberregierungs- und Baurat, Koblenz: Die Vertiefung des zweiten Fahrwassers der Binger-Loch-Strecke im Rhein auf 2,10 m unter gemitteltem Niedrigwasser. Deutsche Wasserwirtschaft 1933, S. 29 und 51.

Derselbe: Die wirtschaftliche Bedeutung des Ausbaues der Rhein-Schiffahrtsstraße am Binger-Loch. Zeitschrift für Bauwesen 1926, S. 8.

Gleichzeitig sollten die Übertiefen im zweiten Fahrwasser von km 29,1 bis 29,4 durch Grundschwellen verbaut und dadurch das vorhandene starke Wasserspiegelgefälle auf ein angestrebtes Gefälle von 1 : 980 gehoben werden. Die größte Hebung des Wasserspiegels bei km 29,0 sollte 24 cm betragen (Abb. 42), wobei die Sohlenbreite des zweiten Fahrwassers durch ein Leitwerk auf 80 m bemessen wurde.

Die hydraulische Berechnung erfolgte unter Annahme eines gleichförmigen Abflusses über den Schwellen, die Kronenhöhe der Schwellen lag entwurfsgemäß auf 2,80 m unter Gl.W. 08. Die Beschleunigung des Wassers über den Schwellen und die gleichzeitige Wasserspiegelsenkung blieb unberücksichtigt (Teil I, Abschnitt 2a). Indem man daher mit einer zu geringen mittleren Geschwindigkeit rechnete, ergaben sich rechnungsmäßige Wasserspiegelhebungen, die nach Einbau der Grundschwellen nicht erreicht werden konnten. Eine Wasserspiegelaufnahme (Abb. 42) im Jahre 1922 zeigte dann auch nach Einbau von vorläufig 3 Schwellen erst eine Hebung von 2 cm, und nach Bau von insgesamt 7 Schwellen mit jeweiligem Abstand von 50 m eine solche von nur 8 cm, bei weiterer Einschränkung des zweiten Fahrwassers von 80 m auf 57 m. Das in dieser Strecke vorhandene, der Schiffahrt hinderliche starke Wasserspiegelgefälle konnte somit durch den Einbau von Grundschwellen nicht ausgeglichen werden.

Ferner konnte man feststellen, daß das in die Grundschwellenfelder eingebrachte grobe Baggergut beim folgenden Frühjahrshochwasser infolge der Kolkwirkung der Grundschwellen (Teil II, Abschnitt 2) ausgespült wurde, sodaß man fernerhin auf die Verfüllung der Grundschwellenfelder verzichtete.

Im Jahre 1924 wurde von Seiten der Schiffahrttreibenden auch eine den Verkehr hindernde Wirkung der Grundschwellen festgestellt, die sich auf folgende Art bemerkbar macht:

1. Vergrößerung der Stromgeschwindigkeit und Erhöhung der Widerstände bei der Bergfahrt;

2. Auftreten unregelmäßiger Schiffswiderstände und plötzlicher Fahrthemmungen, die zu Trossenbrüchen und größeren Havarien Anlaß geben;

3. „Hartes Fahren" der bergfahrenden Schiffe und Schleppzüge bei niedrigen Wasserständen.

Die Klagen werden verständlich, wenn man den Verlauf des Wasserspiegels und der Geschwindigkeitslinien der beiden Wasserspiegelaufnahmen vom April 1924 und vom April 1925 (Abb. 43) betrachtet.

Eine Bestätigung der Klagen aber ergibt sich aus den Beobachtungen, die mit einem Meßschiff der Rheinstrombauverwaltung gemacht wurden. Das Schiff blieb, wenn es ohne Eigengeschwindigkeit stromab trieb, über den Grundschwellen stehen, da nach der Wasserspiegelsenkung über den Schwellen anschließend eine Hebung des Wasserspiegels eintritt (Abb. 43). Die Kraft der Strömung war nicht so groß, daß das Schiff die Wasserspiegelhebung überwinden konnte.

Die äußerst wichtigen Feststellungen in der Binger-Loch-Strecke werden durch die Modellversuche erklärt und verständlich (Abb. 11 und 33). Im Besonderen sind die Klagen der Schiffahrt begründet, weil bei den Modellversuchen nachgewiesen werden konnte, daß infolge der Geschwindigkeitserhöhung über den Schwellen ein plötzlicher verstärkter Widerstand auf den Schiffsbug wirkt (Teil II, Abschnitt 2e). Es ist jedoch nicht zu erwarten, daß die Vergrößerung der Oberflächengeschwindigkeiten, z. B. bei km 29,15 (Abb. 43) von 1,73 m/s auf 2,03 m/s, bereits Trossenbrüche und Havarien verursacht, da der Kahn mit seiner größten Länge noch im unbeeinflußten Fahrwasser steht.

Die Feststellungen in der Binger-Loch-Strecke dürften bestätigen, daß die ungleichförmige Wasserbewegung über Grundschwellen zu berücksichtigen ist, wenn nicht die den Schwellen zugedachte Aufgabe einer Wasserspiegelhebung von vornherein unwirksam werden soll.

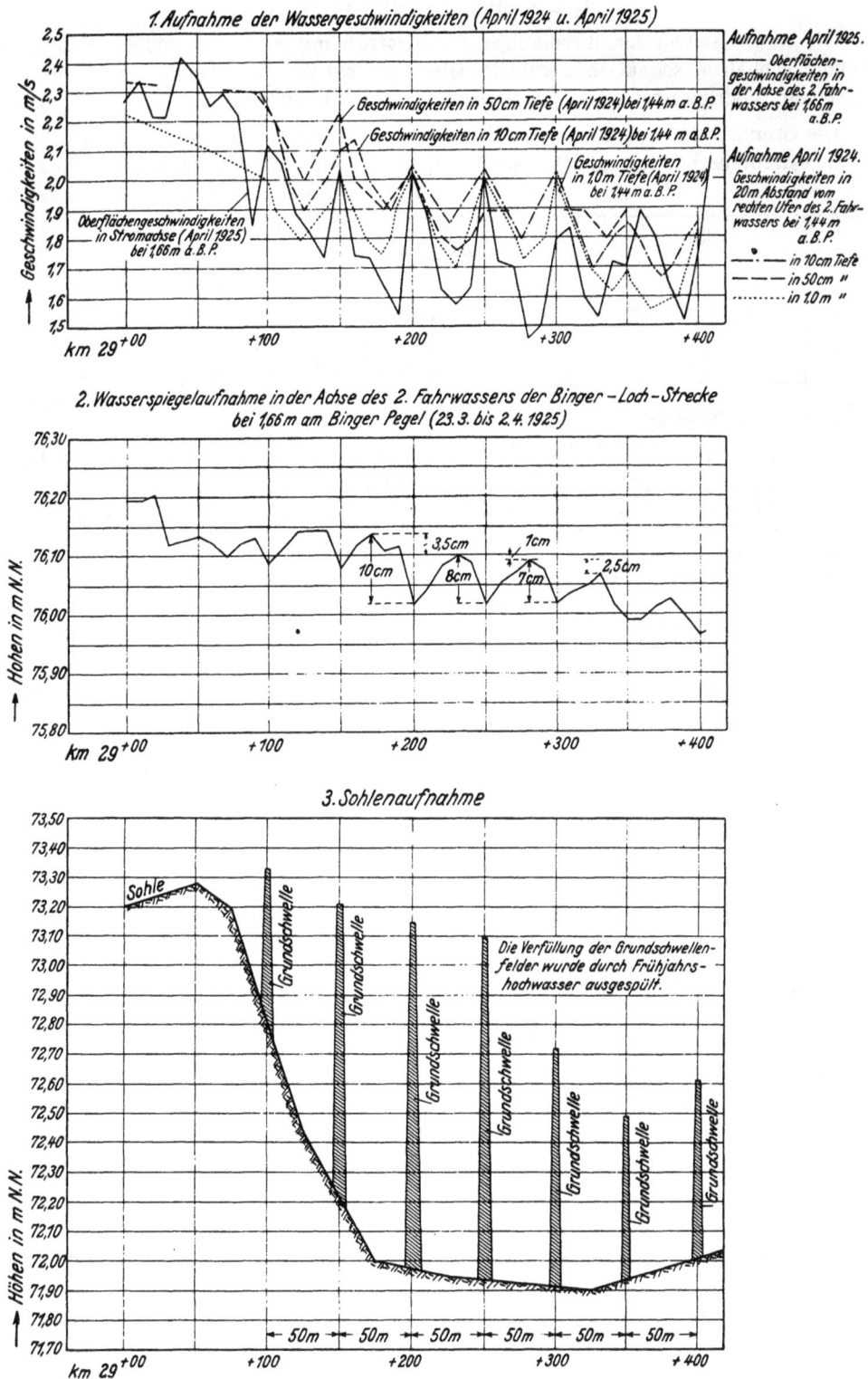

Abb. 43. Wasserspiegel- und Geschwindigkeitsaufnahme im Rhein im 2. Fahrwasser der
Binger-Loch-Strecke bei 1,35 m und 1,66 m am Binger-Pegel vom April 1924 und April 1925.

4. Die Grundschwellen in der Weser.

Die Weser ist von der übermäßigen Geradestreckung gegenüber anderen deutschen Flüssen verschont geblieben, sodaß ein ziemliches Gleichgewicht der Geschiebebewegung besteht und der Ausbau auf Niedrigwasser unter günstigen Bedingungen erfolgen kann.

Die Grundschwellen in der Weser dienen mit Erfolg der Hebung des Wasserspiegels und damit dem angestrebten Gefälleausgleich. Sie bestehen teilweise aus Packwerk (Sinkstücke und Senk-faschinen) mit Steinabdeckung, vorzugsweise aber aus Steinen. Ihre Entfernung beträgt durchschnittlich 12 bis 30 m.

Vereinzelt dienten Grundschwellen auch zur Verbauung örtlicher Kolke in der Krümmung, in der Erwartung einer Verlandung der Kolke. In Übereinstimmung mit den Versuchsergebnissen hatten die Grundschwellen gerade das Gegenteil: eine Auskolkung zur Folge. Nur wenn die Grundschwellenfelder mit grobem Baggergut verfüllt wurden, konnte die Sohle der Kolkwirkung widerstehen.

Auch in Strecken starken Gefälles, in die Grundschwellen zur Verhinderung von Sohlensenkungen eingebaut wurden, zeigten sich in erheblichem Maße Auskolkungen in der Sohle, sodaß im Unterlauf der Weser wegen dieser ungünstigen Erfahrungen keine Grundschwellen mehr eingebaut werden.

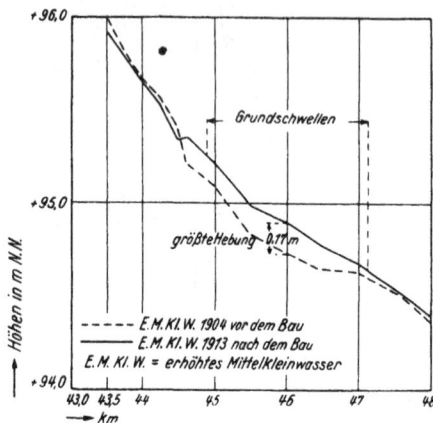

Abb. 44. Weserstrecke bei Karlshafen
von km 43,0 bis 48,0.
(Zeitschrift für Bauwesen 1919).

Im Unterlauf der Weser sind gleichfalls Klagen der Schiffahrt über die Geschwindigkeitserhöhung über den Schwellen bekannt geworden. Es wurden nicht nur die stärkeren Widerstände

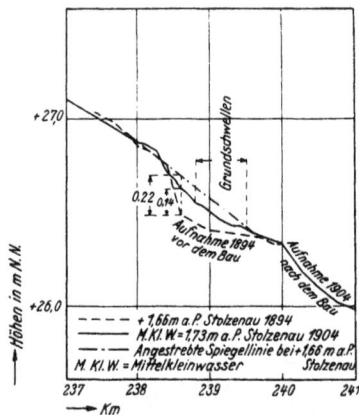

Abb. 45. Weserstrecke bei Stolzenau
km 237 bis 241.
(Zeitschrift für Bauwesen 1919).

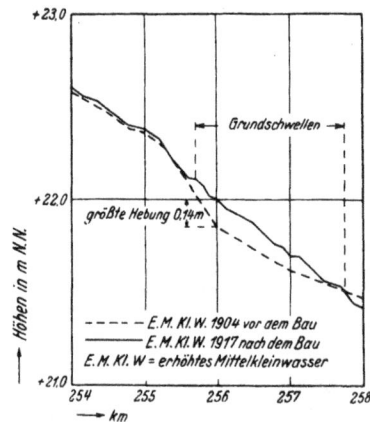

Abb. 46. Weserstrecke bei den Liebenauer
Steinen km 254 bis 258.
(Zeitschrift für Bauwesen 1919).

bei der Bergfahrt beanstandet, sondern es zeigte sich, daß die zu Tal fahrenden Kähne schwer zu steuern waren (Teil II, Abschnitt 2e). Da durch Verfüllen der Grundschwellenfelder die Schwierigkeiten bei der Talfahrt gemildert wurden, ist anzunehmen, daß der Wasserspiegel in den Haltungen durch das Auffüllen der Kolke gehoben und so das Gefälle zwischen den Haltungen verringert wurde.

Einige Beispiele, in denen mit Erfolg Grundschwellen verwendet wurden, sind folgende[1]):

1. In der Strecke km 43,0 bis 48,0 bei Karlshafen zur Hebung des Niedrigwassers und zum Ausgleich des Wasserspiegelgefälles (Abb. 44).

2. In der Strecke km 238,0 bis 239,5 bei Stolzenau zur Verbesserung der Querschnitte und Hebung des Wasserspiegels (Abb. 45). Durch den Einbau war beabsichtigt, den außerordentlich scharfen Knick im Längsgefälle zwischen km 238,4 und 238,6 zu beseitigen, was auch gelungen ist, trotzdem die beabsichtigte Hebung bis auf den Korrektionswasserstand nicht ganz erreicht werden konnte.

3. Bei km 254,0 bis 258,0 ist zur Verbesserung des Wasserspiegelgefälles über den Liebenauer Steinen (Abb. 46) eine Hebung des „erhöhten Mittelkleinwassers" (E.M.Kl.W.) um 0,14 m durch die Grundschwellen erreicht worden. Zwischen der Beendigung des Ausbaues dieser Flußstrecke und der Wasserspiegelaufnahme liegen sieben Jahre, sodaß man annehmen kann, daß die Hebung dauernd ist.

5. Die Grundschwellen in der Elbe.

Die zunehmenden Bedürfnisse der Schiffahrt erforderten einen großzügigen Ausbau der Elbewasserstraße durch Schaffung genügender Wassertiefen und Sohlenbreiten. Entsprechend dem Charakter des Stromes zerfällt der Entwurf der Elbstromregelung[2]) in einen Ausbau für die Gebirgsstrecke bis zur sächsisch-preußischen Landesgrenze (km 120,8) und in einen Ausbau der Flachlandstrecke (unterhalb km 120,8).

Grundschwellen sind lediglich in der sächsischen Gebirgsstrecke verwendet worden. Hierbei wurden große Tiefen, die in der Hauptsache unterhalb der Scheitel von Krümmungen liegen, durch Grundschwellen, die in Haupt- und Zwischenschwellen zerfallen, verbaut. Die Hauptschwellen haben gewöhnlich einen Abstand von 100 m, während die Felder zwischen den Hauptschwellen am Ufer noch durch Einbau von Zwischenschwellen unterteilt sind. Die Grundschwellenfelder werden bis zur Schwellenkrone mit Kies verfüllt und mit Steinknack abgedeckt (vollständiger Ausbau). Soweit an einzelnen Stellen die finanziellen Mittel nicht ausreichten, unterblieb die Abdeckung der Grundschwellenfelder mit Steinknack (unvollständiger Ausbau). Hier konnte sich die Kolkwirkung der Grundschwellen voll auf die Sohle auswirken, sodaß die Verfüllungen der Grundschwellenfelder mit kiesigen Baggermassen sich nicht halten konnten. Die entstandenen Kolke verlandeten durch die natürliche Geschiebebewegung im Strome nicht. Nur wo die Grundschwellenfelder mit Steinknack abgedeckt und in gleiche Höhe mit den Schwellenkronen gebracht wurden, die Grundschwelle damit selbst nur Stützkörper einer widerstandsfähigen Sohlenabdeckung wurde, blieb die Kolkwirkung der Grundschwelle aus. Infolgedessen sind Wasserspiegelsenkungen und Geschwindigkeitserhöhungen über den Schwellen nicht feststellbar, sondern treten nach einer Mitteilung der Sächsischen Wasserbaudirektion Dresden nur ein, wenn die Schwellen ungenügend verfüllt sind oder Kolke sich gebildet haben (unvollständiger Ausbau).

---

[1]) Muttray und Soldan: „Der Ausbau der Weser auf Niedrigwasser." Zeitschrift für Bauwesen 1919, Heft 1—6.

[2]) Denkschrift über die Niedrigwasserregulierung der Elbe von der Reichsgrenze bis zur Seevemündung. Bearbeitet im Reichs- und Preußischen Verkehrsministerium. Berlin 1935. Reichsdruckerei.

Schlußbemerkung.

Soweit Grundschwellen bisher in der Natur verwendet und ihre Auswirkungen auf den Wasserspiegel und die Sohle dauernd beobachtet wurden, zeigt sich eine gute Übereinstimmung mit den Ergebnissen der Modellversuche. Es ist versucht worden, die Ursachen aufzuzeigen, wenn die Verwendung von Grundschwellen in der Natur zu Fehlschlägen führte. Die Modellversuche sollten beitragen, Mißerfolge künftighin auszuschalten, indem der Abflußvorgang über eine Grundschwelle geklärt und eine richtige Anschauung von der Art des Wasserabflusses vermittelt wurde. Die im I. Teil behandelten theoretischen Grundlagen bieten Anhaltspunkte für die Berechnung des Wasserspiegels und der Geschwindigkeiten über den Schwellen.

Die Aufgaben der Grundschwellen und die Eigenschaften der Flüsse sind jedoch oft so sehr verschieden, daß grundsätzliche Erkenntnisse nicht ausreichen, um mit dem Einbau der Schwellen sicherzugehen; dann steht nur der Weg über Modellversuche offen, die mit Sicherheit eine Klärung eines Einzelfalles bringen.

Die Übertragung der Ergebnisse von Modellversuchen auf die Natur ist heute durch zahlreiche Vergleiche mit Sicherheit möglich. Sofern es sich um hydraulische Vorgänge, wie Abflußform, Geschwindigkeit und Wassertiefen handelt, ist eine Ähnlichkeit zwischen den Modell- und Naturvorgängen nachgewiesen. Für die vorliegenden Versuche mit beweglicher Sohle sind zahlreiche Vorarbeiten vorhanden, die die Annahme rechtfertigen, daß auch die Kolktiefen und die Geschiebebewegungen mit hinreichender Genauigkeit auf die Natur übertragen werden können.

www.ingramcontent.com/pod-product-compliance
Lightning Source LLC
Chambersburg PA
CBHW081428190326
41458CB00020B/6139